FENGDIANCHANG YUNXING WEIHU XITI JINGXUAN

风电场运行维护
习题精选

华电电力科学研究院有限公司　编

中国电力出版社
CHINA ELECTRIC POWER PRESS

内 容 提 要

本习题精选从风电场运行维护检修的角度出发，对相关理论知识及现场实际操作进行总结归纳，并以习题方式呈现。习题涉及风电基本理论知识、风电机组结构、风电机组运行原理及保护控制、风电机组典型故障案例分析等，侧重于风电场现场日常运行、巡检定检、检修维护及故障分析处理等相关内容。

本习题精选共分为五章，分别为风电场运维基础知识、偏航变桨系统、主传动链及其附属设备、电气及控制系统、典型案例分析。每章按照题型结构，分为判断题、单选题、多选题、填空题、问答题及计算题。试题范围较广泛，基本涵盖风电机组各系统日常检修维护的全部内容。

本习题精选可作为风电场生产运行检修和管理人员培训学习，以及单位人员考核选拔使用。

图书在版编目（CIP）数据

风电场运行维护习题精选 / 华电电力科学研究院有限公司编. —北京：中国电力出版社，2021.11
ISBN 978-7-5198-5825-4

Ⅰ. ①风… Ⅱ. ①华… Ⅲ. ①风力发电–发电厂–习题集 Ⅳ. ①TM614-44

中国版本图书馆 CIP 数据核字（2021）第 142021 号

出版发行：中国电力出版社
地　　址：北京市东城区北京站西街 19 号（邮政编码 100005）
网　　址：http://www.cepp.sgcc.com.cn
责任编辑：刘汝青（22206041@qq.com）
责任校对：黄　蓓　李　楠
装帧设计：赵姗姗
责任印制：吴　迪

印　　刷：三河市万龙印装有限公司
版　　次：2021 年 11 月第一版
印　　次：2021 年 11 月北京第一次印刷
开　　本：880 毫米×1230 毫米　32 开本
印　　张：4.125
字　　数：89 千字
印　　数：0001—1500 册
定　　价：28.00 元

《风电场运行维护习题精选》

编 委 会

主　编　兰　维

副主编　张　伟　王　磊

编写人员　王安民　赵章乐　范翔民

　　　　　李林伟　张　恒　刘众擎

　　　　　杜虹锦　郭晨旭

近年来，我国新能源行业快速发展，尤其风力发电装机容量持续增长，成为国内继火电、水电之后的第三大电源。目前我国风电产业不仅在规模上处于世界领先地位，在技术实力上也具备了赶超世界先进水平的基础。随着新技术的发展、更新与应用，以及涉及风电设备有关国家、行业标准的制定和修订，对风电场生产管理、运行、维护、检修等人员的素质提出了更高的要求。

为进一步加强风电场生产管理，有效提升风电场运行维护生产人员整体素质，培养能够满足风电场日常运行、检修、维护工作需求的人才队伍，提升风电场自主运维能力，确保风电场安全、可靠、高效运行，特编写本习题精选。

本习题精选依据国家、行业相关标准规范要求，并结合风电场实际情况，分为风电场运维基础知识、偏航变桨系统、主传动链及其附属设备、电气及控制系统、典型案例分析五章。

本习题精选内容丰富，有判断题、单选题、多选题、填空题、问答题及计算题，形式灵活多样，适用于风电场生产运行检修和管理人员培训学习，以及单位人员考核选拔使用。

限于编者水平，书中难免有疏漏之处，恳请读者批评指正。

编　者

2021 年 7 月

风电场运行维护习题精选

目 录

第一章

风电场运维基础知识

一、判断题

1. 风的功率是一段时间内测的能量。　　　　　　（×）

2. 风能利用系数是衡量一台风力发电机从风中吸收能量的能力。　　　　　　　　　　　　　　　　　　　（√）

3. 平均风速就是给定时间内瞬时风速的平均值。　（√）

4. 风轮确定后,它所吸收能量的多少主要取决于空气速度的变化情况。　　　　　　　　　　　　　　　　（√）

5. 海陆风是由海陆热力差异引起的,其影响范围仅局限于沿海,风向变换以一天为周期。　　　　　　　　　　　（√）

6. 空气的密度大小与气温、海拔等因素有关。　　（√）

7. 风能的功率与风速成正比。　　　　　　　　　（×）

8. 风的功率与风速的 3 次方成正比。　　　　　　（√）

9. 风力发电机达到额定功率输出时规定的风速称为切出风速。

　　　　　　　　　　　　　　　　　　　　　　（×）

10. 风力发电机叶轮在切入风速前开始旋转。　　（√）

11. 沿叶片径向的攻角变化与叶轮角速度无关。　（√）

12. 机组的发电频率应限制在 50Hz±2Hz，否则视为系统故障。 （×）

13. 等效利用小时是装机容量/发电量。 （×）

14. 能量利用率指风电机组实际发电量占理论发电量的百分比。 （√）

15. 在额定风速以下时，不做功率调节控制，只有在额定风速以上应限制最大功率的控制。通常运行安全最大功率不允许超过设计值的 25%。 （×）

16. 功率曲线是指风力发电机组输出功率与时间的对应曲线。 （×）

17. 绘制功率曲线应采集风力发电机组所有运行状态下的数据。 （×）

18. 风力发电机组的平均功率与额定功率是相同的。 （×）

19. 风力发电机组并网运行中，超过额定功率时将脱网停机。 （×）

20. 风电机组设计方案应综合考虑安装、调试、运行、检修和维护等方面的合理需求，从运行稳定性和可靠性、能耗指标、经济指标、设计制造经验等方面，结合实际情况，进行综合技术经济论证。 （√）

21. 风电企业应建立健全本企业专业监督网络，并根据人员变化及时调整完善。 （√）

22. 风电企业应建立和健全设备设施质量全过程监督的签字验收制度。对质量不符合规定要求的设备材料以及安装、检修、改造等工程，监督人员有权拒绝签字，并可越级上报。 （√）

23. 风电企业应编制重大设备事故应急预案，建立应急处理组织体系，定期组织应急演练，提高应对重大设备事故的处

置能力。 （√）

24. 振动状态测量应以风力发电机组运行在并网状态时测量的振动数据作为基准。 （√）

25. 风力发电机组安装调试完成运行两个月后，需要进行全面维护。 （×）

26. 在机组月维护、半年维护和一年维护时，都要进行对中测试。 （×）

27. 安全链触发引起的紧急停机，只能通过手动复位才能重新启动。 （√）

28. 为了避免小风时发生频繁启动、停机现象，在并网后10min 内不能按风速自动停机。 （√）

29. 在登塔工作前必须手动停机，并把维护开关置于维护状态，将远程控制屏蔽。 （√）

二、单选题

1. 下列＿＿＿不是风电场选址考虑的基本要素。（D）

A. 经济性　　　　　　B. 环境影响

C. 气象灾害　　　　　D. 人文素养

2. 风能的大小与风速的＿＿＿成正比。（B）

A. 平方　　　　　　　B. 立方

C. 四次方　　　　　　D. 五次方

3. 风电机组结构所能承受的最大设计风速称为＿＿＿。（B）

A. 平均风速　　　　　B. 安全风速

C. 切出风速　　　　　D. 瞬时风速

4. 风向仪带标记探头的方向是＿＿＿。（A）

A. 面向叶轮　　　　　　B. 背对叶轮

C. 与机舱轴线垂直　　　D. 任意方向

5. 在国家标准中规定，使用"wind turbine"来表示_____。
（C）

A. 主风方向　　　　　　B. 桨距角

C. 风力机　　　　　　　D. 以上都不对

6. 风力发电机工作过程中，能量的转化顺序是_____。（A）

A. 风能→动能→机械能→电能

B. 动能→风能→机械能→电能

C. 动能→机械能→电能→风能

D. 机械能→风能→动能→电能

7. 机械式风速仪传感器属于_____。（C）

A. 温度传感器　　　　　B. 压力传感器

C. 转速传感器　　　　　D. 振动传感器

8. 风电机组风能利用系数与_____有关。（A）

A. 叶尖速比　　　　　　B. 风速

C. 叶片直径　　　　　　D. 偏航控制

9. 定义 C_p 为风能利用率，S 为叶轮扫掠面积，ρ 为空气密度，v 为风速，则风轮从风中吸收的功率 P 为_____。（C）

A. $P=\dfrac{1}{2}\rho Av^3$ 　　　　　B. $P=\dfrac{1}{2}\rho Av^2$

C. $P=\dfrac{1}{2}C_p\rho Av^3$ 　　　D. $P=\dfrac{1}{2}C_p\rho Av^2$

10. 给定时间段内瞬时风速的平均值称为该时间段内的_____。
（C）

A. 瞬时风速　　　　　　B. 月平均风速

C. 平均风速　　　　　　　D. 切出风速

11. 风速的标准偏差与平均风速的比率称为_____。（D）

A. 年平均　　　　　　　　B. 日变化

C. 瑞利分布　　　　　　　D. 湍流强度

12. 风经过风力发电机组将部分的动能转换为_____，再转换为电能。（C）

A. 风能　　　　　　　　　B. 势能

C. 机械能　　　　　　　　D. 热能

13. 一般来说，叶片数越多，风能利用系数_____。（C）

A. 越小　　　　　　　　　B. 不变

C. 越大　　　　　　　　　D. 两者之间没有关系

14. 我国建设风电场时，一般要求在当地连续测风_____以上。（D）

A. 3 个月　　　　　　　　B. 6 个月

C. 3 年　　　　　　　　　D. 1 年

15. 风力发电机风轮吸收能量的多少主要取决于空气_____的变化。（B）

A. 密度　　　　　　　　　B. 速度

C. 湿度　　　　　　　　　D. 温度

16. 在风场机组布置时，风场年平均风速越大，则布置风力发电机的间距可以_____。（A）

A. 越小　　　　　　　　　B. 不变

C. 越大　　　　　　　　　D. 不定

17. 拟合风速分布的函数有瑞利分布、威布尔分布、偏正态分布，风速一般为_____。（A）

A. 瑞利分布   B. 对数正态分布

C. 威布尔分布   D. 偏正态分布

18. 一般来讲,可以把水平方向上风的方向分为____或____个扇区。(C)

A. 6,12   B. 12,12

C. 12,16   D. 6,16

19. 风能利用率 C_p 最大值可达____。(B)

A. 45%   B. 59%

C. 65%   D. 80%

20. 与湍流的特性不一致的是____。(A)

A. 气流运动轨迹稳定   B. 气流运动轨迹曲折

C. 气流相互混掺   D. 气流形成涡团

21. 年有效风功率密度大于 200~150W/m²、3~20m/s 风速的年累计小时数大于 4000~2000h、年平均风速大于 5m/s 的地区是____。(B)

A. 风能资源丰富区   B. 风能资源次丰富区

C. 风能资源可能利用区   D. 风能资源贫乏区

22. 我国采用的风速数据主要是____min 平均数据。(B)

A. 5   B. 10

C. 15   D. 30

23. 风向读数以____方向作为 0°。(D)

A. 正东   B. 正南

C. 正西   D. 正北

24. 我国风能资源丰富区为____。(A)

A. 黑龙江和吉林东部及辽东半岛沿海

B. 内蒙古和甘肃北部

C. 东南沿海及其岛屿

D. 青藏高原、三北地区的北部和沿海

25. 在一个风电场中,风力发电机组排列方式主要与_____及风力发电机组容量、数量、场地等实际情况有关。(C)

A. 风速   B. 空气密度

C. 主导风向   D. 高度

26. 用以评估各方向风能优势的"风能玫瑰图"上射线的长度是表示某一方向上_____。(C)

A. 风速频率与瞬时风速的积

B. 平均风速与瞬时风速三次方的积

C. 风速频率与平均风速三次方的积

D. 风速频率与平均风速的积

27. 相对式电动传感器实际上是一个_____。(D)

A. 压力传感器   B. 扭振传感器

C. 加速度传感器   D. 速度传感器

28. 压电式传感器实际上是一个_____。(C)

A. 压力传感器   B. 扭振传感器

C. 加速度传感器   D. 速度传感器

29. 风力发电机组铭牌上的主要参数是_____和额定功率。(B)

A. 风轮转速   B. 风轮直径

C. 额定风速   D. 塔筒高度

30. 塔架进场存放时,法兰两端应安装专用支脚;塔架两端用防雨布封堵,防止污物等进入筒体;塔架存放时最低点离地面至少_____;存放时间较长时,应采取防护措施,防止塔架变形。(A)

A. 100mm   B. 150mm

C. 200mm   D. 300mm

31. 风机基础环水平度误差、预埋管（孔洞）位置偏差符合设计要求，基础环上法兰表面用水平仪校验，所测基础上法兰表面水平度要求不大于_____。（A）

A. 3mm   B. 4mm

C. 5mm   D. 6mm

32. 风电机基础与塔架接地体埋设深度应不小于_____。（A）

A. 0.6m   B. 0.7m

C. 0.8m   D. 1.0m

33. 风力发电机的种类繁多，按主轴与地面的相对位置，可分为 _____。（A）

A. 水平轴式和平行轴式   B. 水平轴式和上风式

C. 下风式和上风式   D. 平行式和下风式

34. 下列风速基本不会影响机组发电量的是_____。（C）

A. 启动风速   B. 切入风速

C. 极端风速   D. 额定风速

35. 风力发电机达到额定功率输出时规定的风速称为_____。（B）

A. 平均风速   B. 额定风速

C. 最大风速   D. 启动风速

36. 下列风力发电机组调节方式中最优方式为_____。（B）

A. 定速恒频   B. 变速恒频

C. 定速变频   D. 变速变频

37. 风力发电机组容量系数越大，风力发电机组实际输出功率_____。（B）

A. 越小   B. 越大

C. 不变   D. 不确定

38. 风力发电机组按照矩阵布置，同行内风力发电机组之间的距离不小于风轮直径的＿＿＿倍，行与行之间的距离不小于风轮直径的＿＿＿倍。（C）

A. 2，3   B. 3，2

C. 3，5   D. 5，3

39. 通常用可利用率指标来衡量风力发电机组的＿＿＿。（B）

A. 牢固性   B. 可靠性

C. 可行性   D. 安全性

40. 从机械能到电能的变换称为＿＿＿。（B）

A. 逆压电效应   B. 正压电效应

C. 电磁效应   D. 磁电效应

41. 在我国风力发电一般采用的运行方式是＿＿＿。（B）

A. 分散并网近距离传输   B. 集中并网远距离传输

C. 分散并网远距离传输   D. 集中并网近距离传输

42. 在正常工作条件下，部件装置或设备赋予的功率数称为＿＿＿。（C）

A. 平均功率   B. 最大功率

C. 额定功率   D. 最小功率

43. 风电机达到设计功率时，轮毂高度处的最高风速称为＿＿＿。（D）

A. 额定风速   B. 平均风速

C. 最大风速   D. 切出风速

44. 风力发电机组失速调节大多用于大于＿＿＿风速的出力调节。（D）

A. 切入   B. 切出

C. 平均   D. 额定

45. 下列因素中，不影响风机出力的是_____。（C）

A. 偏航对风不准   B. 变桨不良

C. 电网频率   D. 叶片结霜

46. 通常运行安全最大功率不允许超过设计值的_____。（B）

A. 10%   B. 20%

C. 30%   D. 40%

47. 对电网来说，风电最大的缺点是_____。（C）

A. 不可预测性   B. 不可调度性

C. 间歇性   D. 对生态的破坏性

48. 当双馈或直驱风力发电机组达到额定功率后，当风速增大时，机组转速_____，风能利用系数_____，从而保持功率不变。（C）

A. 不变，增加   B. 增加，降低

C. 不变，降低   D. 降低，增加

49. 由于机组设计与现场湍流的原因，在过渡区通常存在功率曲线折减，需要找到_____进行修正。（C）

A. 标准额定功率   B. 厂家额定功率

C. 实际功率   D. 理论功率

50. 满负荷是指负荷在_____功率下的工作状态。（C）

A. 低于   B. 高于

C. 额定   D. 极限

51. 风电机组海拔一般低于 1000m，对于安装在海拔 1000m 以上的风电机，海拔增加 100m，功率降低_____使用。（B）

A. 0.5%   B. 1%

C. 1.5%　　　　　　　　D. 2%

52. 风机并网调试时，限功率调试过程中，功率试运行时间为_____。（C）

A. 24h　　　　　　　　B. 48h

C. 72h　　　　　　　　D. 96h

53. 振动监测系统在主轴承上的振动传感器安装方向应为_____。（A）

A. 径向　　　　　　　　B. 轴向

C. 横向　　　　　　　　D. 各方向均可

54. 振动监测系统在齿轮箱（若有）上的振动传感器安装方向应为_____。（A）

A. 径向　　　　　　　　B. 轴向

C. 横向　　　　　　　　D. 各方向均可

55. 振动监测系统在发电机轴承上的振动传感器安装方向应为_____。（A）

A. 径向　　　　　　　　B. 轴向

C. 横向　　　　　　　　D. 各方向均可

56. 风机投运_____时，应对轮毂各部连接螺栓进行紧固。（A）

A. 一个月　　　　　　　B. 两个月

C. 三个月　　　　　　　D. 六个月

57. 低温型风力发电机，如果环境温度低于_____，不得进行维护工作。（D）

A. −15℃　　　　　　　B. −20℃

C. −25℃　　　　　　　D. −30℃

58. 每_____至少检查叶片表面是否有污渍、腐蚀、气泡、结

晶和雷击放电等痕迹，是否有裂纹、砂眼、脱漆、腐蚀等缺陷，检查防雨罩与叶片壳体间密封是否完好。（B）

A. 一个月　　　　　　　B. 三个月

C. 六个月　　　　　　　D. 一年

59. 在寒冷、潮湿和盐雾腐蚀严重地区，停止运行_____以上或受台风影响停运的风电机组在投运前应检查绝缘，合格后才允许启动。（A）

A. 一个星期　　　　　　B. 两个星期

C. 三个星期　　　　　　D. 一个月

60. 每年按规定检查主轴连接螺栓力矩，力矩不合格率达_____以上时，应对连接螺栓进行无损探伤检测，并对不合格的螺栓全部更换。（B）

A. 20%　　　　　　　　B. 30%

C. 40%　　　　　　　　D. 50%

61. 风电机组应至少配置_____独立的制动系统，可在任何时候使风轮减速或停止转动。（C）

A. 四套　　　　　　　　B. 三套

C. 两套　　　　　　　　D. 一套

62. 每_____至少对变桨齿圈和变桨轴承进行一次全面的维护，确保润滑良好，转动顺畅可靠。（B）

A. 一年　　　　　　　　B. 半年

C. 三个月　　　　　　　D. 一个月

63. 下列因素中，对发电机振动影响最小的是_____。（D）

A. 对中检测不合格　　　B. 发电机转轴跳动

C. 螺栓紧固松动　　　　D. 风冷系统功率下降

64. 运行人员登塔检查维护时应不少于_____人。（A）

A. 2　　　　　　　　　　B. 3

C. 4　　　　　　　　　　D. 5

65. 在雷击过后至少____后才可以接近风力发电机组。（C）

A. 0.2h　　　　　　　　B. 0.5h

C. 1h　　　　　　　　　D. 2h

66. 风力发电机组现场进行维修时，____。（A）

A. 必须切断远程监控　　B. 必须断电

C. 风速不许超出 10m/s　D. 必须按下紧急按钮

67. 风力发电机组在运行____必须进行第一次维护。（C）

A. 300h　　　　　　　　B. 400h

C. 500h　　　　　　　　D. 600h

68. 对于应用导电轨的风机，至少____一次对导电轨进行检查维修。（B）

A. 半年　　　　　　　　B. 一年

C. 两年　　　　　　　　D. 三年

69. 风速传感器应满足测量范围为____，误差范围为±0.5%，工作环境温度应满足当地气候条件。（C）

A. 0～40m/s　　　　　　B. 0～20m/s

C. 0～60m/s　　　　　　D. 0～80m/s

70. 检查偏航制动器摩擦片时，摩擦片厚度不大于____需要更换。（A）

A. 2mm　　　　　　　　B. 3mm

C. 4mm　　　　　　　　D. 5mm

71. 修补叶片时，如果环境温度在____或以上时，叶片修补在现场进行。（D）

A. 7℃　　　　　　　　　B. 8℃

C. 9℃   D. 10℃

72. 在风力发电机组登塔工作前_____，并把维护开关置于维护状态，将远程控制屏蔽。（C）

A. 应巡视风电机组   B. 应断开电源

C. 必须手动停机   D. 不可停机

73. 风场现场人员与集控中心优先选用_____通信方式。（B）

A. 个人手机

B. 通信服务商提供的固定电话

C. 生产调度电话

D. 因特网

74. 检查维护风电机液压系统液压回路前，必须开启泄压阀保证回路内_____。（D）

A. 无空气   B. 无油

C. 有压力   D. 无压力

75. 风机调试必须完整有效地检测风机上的全部保护功能，特别是有关安全的重要环节，必须做到逐一验证其有效可靠；对于超速保护、振动保护，应从检测元件、逻辑元件、执行元件进行整体功能测试。关于功能测试，下列说法正确的是_____。（B）

A. 仅测试检测元件

B. 禁止只通过信号的测试代替整组试验

C. 仅测试逻辑元件

D. 仅测试执行元件

76. 出现雾、雪等可能导致桨叶覆冰的天气，应加强对风机桨叶的检查，发现叶片覆冰应立即停机处理。下列说法正确的是_____。（A）

A. 直至覆冰消除后方可启动风机

B. 确认覆冰对人身和桨叶没有危害时，方可启动风机

C. 直至覆冰消除后方可变桨

D. 确认人员远离覆冰风机 120m 后方可启动风机

77. 关于判断某台风电机风速测量是否准确的方法，下列正确的是＿＿＿。（D）

A. 到机舱上通过感觉判断

B. 通过天气预报进行判断

C. 观察风速是否有较大波动

D. 通过对比邻近几台风机的风速数据

78. 对于复位后无法消除的故障，集控中心应＿＿＿。（A）

A. 将远控设备退出远动，通知现场当班人员消缺

B. 通知现场当班人员消缺，设备保持远动

C. 通知检修中心当班人员，设备退出远动

D. 通知检修中心当班人员，设备保持远动

79. 下列不属于故障历史记录范畴的是＿＿＿。（A）

A. 故障原因　　　　　　　　B. 故障序号

C. 故障代码　　　　　　　　D. 故障时间

80. 如某台机组可以正常启机运行发电,但频繁报故障停机,应＿＿＿。（A）

A. 将风机停机，切换到服务模式，并通知检修人员

B. 记录报故障次数，并加载自复位次数

C. 机组继续运行，直到无法自复位后，再通知检修人员进行检查

D. 让风电机组限功率运行

81. 风轮＿＿＿的作用是减少叶尖与塔架碰撞的机会。（C）

A. 攻角　　　　　　　　　　B. 扭角

C. 锥角　　　　　　　　　D. 桨距角

82. 叶片刚度应保证在所有设计工况下叶片变形后叶尖与塔架的安全距离不小于未变形时叶尖与塔架间距离的_____。（B）

A. 30%　　　　　　　　　B. 40%

C. 50%　　　　　　　　　D. 20%

三、多选题

1. 风电场选址考虑的基本要素包括_____。（ABC）

A. 经济性　　　　　　　　B. 环境影响

C. 气象灾害　　　　　　　D. 人文素养

2. 评价风能资源开发利用潜力的主要指标是_____。（AB）

A. 有效风能密度　　　　　B. 年有效风速时数

C. 发电量　　　　　　　　D. 风速

3. 风电系统设备一般包括_____。（ABCD）

A. 运行　　　　　　　　　B. 热备用

C. 冷备用　　　　　　　　D. 检修

4. 风电机组按转动的布置形式又可分为_____。（ABCD）

A. 展开式　　　　　　　　B. 分流式

C. 同轴式　　　　　　　　D. 混合式

5. 影响风电机组发电量的主要因素有_____、功率曲线、对风装置的滞后影响，以及气候影响。（ABCD）

A. 湍流影响　　　　　　　B. 风机尾流影响

C. 风电机组可利用率　　　D. 叶片污染的气动损失

6. 风电机设计单位或制造厂应提供_____和噪声达标的相关技术资料。（ABC）

A. 保证功率曲线　　　　　　B. 使用寿命

C. 设备可利用率　　　　　　D. 设备振动达标

7. 设备验收时，设备制造商应提供产品_____等相关技术资料。（ABCD）

A. 出厂试验报告　　　　　　B. 产品使用说明书

C. 产品合格证　　　　　　　D. 产品出厂质检报告

8. 风机遇到湍流值过大时，常用的处理办法有_____。（ABC）

A. 风机在湍流扇区降速运行

B. 放大湍流扇区位置时的机舱与风向夹角

C. 停机

D. 增大变频器扭矩

9. 风机启动时检测的数据有_____。（ABCD）

A. 风速　　　　　　　　　　B. 齿轮箱油温

C. 电池状态　　　　　　　　D. 偏航角度

10. 风力发电机组电网监测数据包括_____。（AC）

A. 电压　　　　　　　　　　B. 振动

C. 频率　　　　　　　　　　D. 阻抗

11. 振动监测方法是发电机机械传动部分状态监测的最佳方案，发电机轴承故障在振动监测中可分为_____。（AB）

A. 轴承内圈故障　　　　　　B. 轴承外圈故障

C. 绝缘电阻异常　　　　　　D. 轴承油脂缺少

12. 绘制风电机组功率曲线时，下列_____状态数据应剔除。（ACD）

A. 待机　　　　　　　　　　B. 正常运行

C. 故障停机　　　　　　　　D. 调度限负荷

13. 振动传感器类型分为＿＿＿＿。（ABC）

    A. 加速度传感器　　　　B. 速度传感器

    C. 位移传感器　　　　　D. 功率传感器

14. 生产厂商给出的功率曲线是基于理论上的理想条件，而在实际运行中机组的功率输出受＿＿＿＿等多种因素的影响。（ABCD）

    A. 机组运行状态　　　　B. 空气密度

    C. 地形　　　　　　　　D. 尾流

15. 下列＿＿＿＿条件不可以在机舱内继续进行维护工作。（ACD）

    A. 叶片位于工作位置和顺桨位置之间，5min 平均值（平均风速）12m/s

    B. 叶片位于顺桨位置，5s 平均值（阵风速度）10m/s

    C. 叶片位于顺桨位置，5min 平均值（平均风速）20m/s

    D. 叶片位于顺桨位置，5s 平均值（阵风速度）30m/s

16. 设备进行特殊巡视的情况包括＿＿＿＿。（ABCD）

    A. 事故跳闸后　　　　　B. 高温后

    C. 冰雪后　　　　　　　D. 高峰负荷时

17. 风力发电机组的巡视检查工作重点应是＿＿＿＿。（ABCD）

    A. 故障处理后重新投运的机组

    B. 启停频繁的机组

    C. 负荷重、温度偏高的机组

    D. 带病运行的机组

18. 为了提高风电机组出力，不建议的做法是＿＿＿＿。（ABCD）

    A. 无限制加长叶片

B. 单方面加长叶片而不做机组载荷计算

C. 放开主控 PLC 的功率参数控制

D. 只增大发电机容量

19. 监控显示某台风机的风速为零，可能的原因有_____。
（ABC）

A. 风速仪损坏

B. 风速仪信号模块损坏

C. 风速仪触头有异物或轴承损坏

D. 发电机编码器损坏

20. 发生下列_____情况时，风电机组需要立即停机。（BCD）

A. 齿轮箱油温报警

B. 叶片处于不正常位置或相互位置与正常运行状态不符

C. 风电机组主要保护装置拒动或失效时

D. 风电机组受到雷击后

21. 叶片一般采用复合材料制造，复合材料的优点包括_____。（ABCD）

A.可设计性强　　　　　　　　B. 易成型性好

C. 耐腐蚀性强　　　　　　　　D. 维护少，易修补

22. 风力发电机叶片在结构上分为_____。（ABC）

A. 壳体　　　　　　　　　　　B. 梁帽

C. 腹板　　　　　　　　　　　D. 叶尖

23. 下列选项中，影响翼的升力和阻力的有_____。（ABC）

A. 翼形　　　　　　　　　　　B. 攻角

C. 表面粗糙度　　　　　　　　D. 材料

四、填空题

1. 一般大型风电场拟建场址的风资源评价指标应满足"风能丰富区"的区划标准，即年平均有效风能密度大于 200W/m²、年平均风速 6m/s 以上的地区。

2. 风玫瑰图上主导风向频率在 30% 以上，可以认为风向是稳定的。

3. 风力发电机组具体布置时，应根据风向玫瑰图和风能玫瑰图确定风电场主导风向。

4. 风向玫瑰图仅表示风向的相对分布关系，不能反映出平均风速的大小。

5. 风电机组应距 110kV 及以上电压等级线路 150 m 以上。

6. 在高山上建设风电场时，要特别重视高山严寒地区冰冻、雷暴、高湿度等不利气候的影响。

7. 水平轴风力发电机组可分为叶轮、机舱和塔筒。

8. 风力发电机达到额定功率输出时规定的风速称为额定风速。

9. 在某一期间内，风力发电机组的实际发电量与理论发电量的比值，称为风力发电机组的容量系数。

10. 风电场运行管理工作的主要任务就是提高设备可利用率和供电可靠性。

11. 对冷却与润滑系统进行任何维护和检修，必须首先使风机停止工作，各制动器处于制动状态，并将叶轮锁定。

12. 机舱内操作仅限于调试、维护和故障处理时使用。

13. 在登塔工作前必须手动停机，并把维护开关置于维护状态，将远程控制屏蔽。

14. 塔架检查时，用<u>力矩表</u>对法兰的螺栓抽样进行紧固。

15. 通常用<u>可利用率</u>指标来衡量风力发电机组的可靠性。

16. 个人防护设备必须有批准的型号，其上标有<u>"CE"</u>合格标志。

17. 一套完整的安全防护装备包括安全帽、安全带、<u>绝缘安全鞋</u>、止跌扣及带缓冲性能的加长绳。

18. 在气温达到 <u>−30℃</u> 以下的地区，应加防冻剂。

19. 大型部件检修是指风电机组<u>叶片</u>、<u>主轴</u>、<u>齿轮箱</u>、<u>发电机</u>、风电机组升压变压器等的修理或更换。

20. 定期维护是指根据设备磨损和老化的统计规律，事先确定<u>检修等级</u>、<u>检修间隔</u>、<u>检修项目</u>、<u>需用备件</u>及材料等的计划检修方式。

21. 状态监测是指通过对运行中的<u>设备整体</u>或其零部件的技术状态进行监测，以判断其运转是否正常，<u>有无异常与劣化的特征</u>，或对异常情况进行跟踪，预测其劣化的趋势，确定其<u>劣化及磨损程度</u>等行为。

22. 风力发电场检修应在<u>定期维护</u>的基础上，逐步扩大<u>状态检修</u>的比例，最终形成一套融定期维护、状态检修、<u>故障检修</u>为一体的优化检修模式。

23. 风力发电场应制定检修计划和具体实施细则，开展设备<u>检修</u>、<u>验收</u>、<u>管理</u>和修后评估工作。

24. 风力发电场检修人员应熟悉系统和设备的<u>构造</u>、性能和<u>原理</u>，熟悉设备的<u>检修工艺</u>、工序、调试方法和<u>质量标准</u>，熟悉安全工作规程，掌握相关的专业技能。

25. 对风电机组<u>振动状态</u>、<u>数据采集与监控系统（SCADA）数据</u>等进行监测，分析判定设备运行状态、<u>故障部位</u>、<u>故障类型</u>

及严重程度。

26. 风力发电场应按照可靠性和经济性原则，结合风力发电场装机情况、设备故障概率、采购周期、采购成本和检修计划确定风力发电场所需备品备件的定额。

27. 检修结束，恢复运行前，检修人员应向运行人员说明注意事项、设备状况及设备变更，提交记录。

28. 检修后应及时提交检修报告和总结，并存档。

29. 风电场工作人员应具备必要的机械、电气、安装知识，熟悉风电场输变电设备、风力发电机组的工作原理和基本结构，掌握判断一般故障的产生原因及处理方法，掌握监控系统的使用方法。

30. 风电场工作人员应熟练掌握触电，熟悉有关窒息急救法、烧伤、烫伤、外伤等急救常识，学会正确使用气体中毒、消防器材和安全工器具及检修工器具。

31. 风力发电机组底部应设置"未经允许，禁止入内"标示牌；基础附近应增设"请勿靠近，当心落物"和"雷雨天气，禁止靠近"警示牌；塔架爬梯旁应设置"必须系安全带"、"必须戴安全帽"、"必须穿防护鞋"指令标识。

32. 风力发电机组内无防护罩的旋转部件应粘贴"禁止踩踏"标识；机组内易发生机械卷入、轧压、碾压、剪切等机械伤害的作业地点应设置"当心机械伤人"标识。

33. 风电场现场作业使用交通运输工具上应配备急救箱、应急灯、缓降器等应急用品，并定期检查、补充或更换。

34. 叶片有结冰现象且有掉落危险时，禁止人员靠近，并应在风电场各出入口处设置安全警示牌。

35. 攀爬机组前，应将机组置于停机状态，禁止两人在同一段塔架内同时攀爬；上下攀爬机组时，通过塔架平台盖板后，应立即随手关闭；随身携带工具人员应后上塔、先下塔；到达塔架顶部平台或工作位置，应先挂好安全绳，后解防坠器；在塔架爬梯上作业，应系好安全绳和定位绳，安全绳严禁低挂高用。

36. 出舱工作必须使用安全带，系两根安全绳；在机舱顶部作业时，应站在防滑表面；安全绳应挂在安全绳定位点或牢固构件，使用机舱顶部栏杆作为安全绳挂钩定位点时，每个栏杆最多悬挂两个。

37. 现场作业时，车辆应停泊在塔架上风向 20m 及以上的安全距离；作业前应切断机组的远程控制或切换到就地控制。

38. 塔架、机舱、叶轮、叶片等部件吊装时，未明确相关吊装风速的，风速超过 8m/s 时，不宜进行叶片和叶轮吊装；风速超过 10m/s 时，不宜进行塔架、机舱、轮毂、发电机等设备吊装工作。

39. 检修液压系统时，应先将液压系统泄压，拆卸液压站部件时，应戴防护手套和护目眼镜；拆除制动装置应先切断液压、机械和电气连接，安装制动装置应最后连接液压、机械和电气装置。

40. 工作温度低于 -20℃时，禁止使用吊篮；当工作处阵风风速大于 8.3m/s 时，不应在吊篮上工作。

41. 每半年对塔架内安全钢丝绳、爬梯、工作平台、门防风挂钩检查一次；每年对机组加热装置冷却装置检测一次；每年在雷雨季节前对避雷系统检测一次，至少每三个月对变桨系统的后备电源、充电电池组进行充放电试验一次。

42. 清理润滑油脂必须戴防护手套，避免接触到皮肤或者衣服；打开齿轮箱盖及液压站油箱时，应防止吸入热蒸气；进行清理滑环、更换碳刷、维修打磨叶片等粉尘环境的作业时，应佩戴防毒防尘面具。

43. 手动启动机组前叶轮上应无结冰、积雪现象；停运叶片结冰的机组，应采用远程停机方式。

44. 在寒冷、潮湿和盐雾腐蚀严重地区，停止运行一个星期以上的机组在投运前应检查绝缘，合格后才允许启动。受台风影响停运的机组，投入运行前必须检查机组绝缘，合格后方可恢复运行。

45. 发生雷雨天气，应及时撤离机组；来不及撤离时，可双脚并拢站在塔架平台上，不得触碰任何金属物体。

46. 水冷系统中的主要成分乙二醇属有毒物质，检修前必须穿好防护服。

47. 制动盘检查，主要检查制动盘厚度、均匀度、裂纹等。

48. 扭力扳手的正常使用程序是旋紧螺母，校正扭力。

49. 螺纹必须用润滑剂保护，打砂清理时必须套上塑料套。

50. 若风力发电机组发生失火事故，必须按下紧急停机键，并切断主空气开关及变压器隔离开关，进行力所能及的灭火工作。

51. 机组机舱发生火灾时，禁止通过升降装置撤离，应首先考虑从塔架内爬梯撤离。使用缓降装置，要正确选择定位点，同时要防止绳索打结。

52. 机组机舱发生火灾，如尚未危及人身安全，应立即停机并切断电源，迅速采取灭火措施，防止火势蔓延。在机舱内灭火，没有使用氧气罩的情况下，不应使用二氧化碳灭火器。

53. 有人触电时，应立即切断电源，使触电人脱离电源，并立即启动触电急救现场处置方案。如在高空工作时发生触电，施救时还应采取防止高空坠落措施。

54. 机组发生飞车或机组失控时，工作人员应立即从机组上风向方向撤离现场，并尽量远离机组。

55. 故障检修是指设备发生故障或其他失效进行的检查、隔离和修理等的非计划检修方式。

五、问答题

1. 简述风电场场址选择的基本条件。

答：（1）风能资源。

（2）电网连接。

（3）交通条件。

（4）地形、地质条件。

（5）不利气象和环境条件影响。

（6）土地征用和环境保护。

（7）社会经济因素。

2. 安装测风塔的要求有哪些？

答：（1）为进行精确的风力发电机组微观选址，需进行现场测风，取得足够的精确数据。一般来说，至少取得一年的完整测风资料，以便对风力发电机组的发电量做出精确的估算。风力发电场场址初步选定后，应根据有关标准在场址中安装测风塔。

（2）测风塔应尽量设立在最能代表并反映风力发电场风能资源的位置。具体要求是：根据现场地形情况，结合地形图，在地形图上初步选定可安装风力发电机组的位置；测风塔要立于安装风机较多的地方，若地形较复杂要分片布置测风塔；测风塔不能立于风速分离区和粗糙度的过渡线区域，即测风塔附近应无高大建筑物、树木等障碍物。

（3）测风塔数量应根据风场地形的复杂程度而定，对于较为简单、平坦的地形，可选一处安装测风设备。对于地形较为复杂的风场，要根据地形分片布置测风点。

（4）测风高度最好与风机的轮毂高度一样，应不低于风机轮毂高度的 2/3。为确定风速随高度的变化（风剪切应），得到不同高度下可靠的风速值，一座测风塔上应安装多层测风仪。

（5）每个风力发电场场址需要安装一套气压传感器和温度传感器，其在塔上的安装高度应为 2～3m。测风设备的安装和管理应严格按气象测量标准进行。测量内容为风速、风向、气压、温度。

3. 叙述风轮直径、风轮扫掠面积、风轮锥角、风轮额定转速、风轮最高转速的定义。

答：风轮直径：风轮在旋转平面上投影圆的直径。

风轮扫掠面积：风轮在旋转平面上的投影面积。

风轮锥角：叶片相对于与旋转轴垂直的平面的倾斜度。

风轮额定转速：输出额定功率时风轮的转速。

风轮最高转速：风力机处于正常状态下（空载和负载）风轮允许的最大转速。

4. 风轮实度是指什么？叶片扭角是指什么？

答：风轮实度是指风轮叶片面积与风轮扫掠面积的比值；叶片扭角是指叶片各剖面弦线与风轮旋转平面的夹角。

5. 相对于定桨距风电机组，变桨距风电机组控制有哪些优点？

答：风速低于额定风速时，可以使桨叶处于最佳迎风角度，提高风机功率；风速高于额定风速时，可以通过变桨限制风机功率,使风机在额定功率下运行;停机时,桨叶顺桨实现气动刹车,保护叶片及风机的安全。

6. 风力发电通常情况下为什么需要并网?

答:风电需要并网的原因是:风能是一种波动不稳定的能源;如果没有储能装置或与其他发电装置互补运行,风力发电装置本身难以提供连续稳定的电能输出。

7. 为何要对风电并网过程加以控制?

答:风电机组单机容量增大,并网时对电网的冲击较大,容易引起电网电压大幅度下降。如果冲击时间过长,将造成电力系统瓦解或影响挂网机组正常运行。

8. 风电并网对电网的电能质量、稳定性及规划与调度三方面有什么影响?

答:(1)电能质量:风速的随机性、间歇性和不稳定性导致风速和风向经常变化,使风电机组输出功率波动较大,容易引起电网电压波动及谐波。

(2)电网稳定性:风电机组输出有功功率的同时还需要吸收电网无功功率,使电网引发潮流多变,增加了控制难度,影响电网的动态稳定性。

(3)电网规划与调度:风速的随机性、间歇性导致电能供需失去平衡,增加了电网调频的负担,影响了电网运行规划与调度。

9. 目前国内用异步发电机的风力发电机组并网方式主要有哪几种?

答:(1)直接并网方式。

(2)准同期并网方式。

(3)降压并网方式。

(4)捕捉式准同期快速并网技术。

（5）软并网（SOFU CUT - IN）技术。

10. 简述风电机组双馈异步发电机的并网过程。

答：变频器检测到发电机转速已经在并网同步转速范围之内后，网侧变频器开始给直流母线电容充电。充电完成后转子侧变频器根据发电机转速进行发电机转子励磁，励磁之后会在发电机定子侧感应出电压。在检测到定子电压与电网电压同频率、同相位、同幅值之后，定子并网接触器吸合，并网完成。

11. 风电机组并网调试的准备工作有哪些？

答：（1）检查现场机组离网调试记录。

（2）确认变桨、变流、冷却等系统的运行方式，各系统参数是否按照并网调试要求设定，叶轮锁定装置是否处于解除状态。

（3）气象条件应满足并网调试要求。

（4）应对风电机组箱式变压器至机组的动力回路进行绝缘水平检查。

（5）向风电场提交并网调试申请，同意后方可开展机组并网调试。

12. 叙述平均风速、额定风速、切入风速、切出风速的定义。

答：平均风速：给定时间内瞬时风速的平均值，给定时间从几秒到数年不等。

额定风速：风力发电机达到额定功率输出时规定的风速。

切入风速：风力发电机开始发电时的最低风速。

切出风速：风电机组保持额定功率输出时，轮毂高度处的最高风速。

13. 影响风力机输出功率的因素有哪些？

答：影响风力机输出功率的因素包括空气密度、风速、风轮直径、风功率系数、传动系统效率、发电机效率。

14. 调节风电机组输出功率的方法有哪些?

答：（1）通过变流器控制发电机运行状态实现跟踪风能的最大输出功率控制。

（2）改变桨距角调节输出功率。

15. 风力机的功率特性曲线如图 1-1 所示。其中 v_1，v_2，⋯ 代表不同的风速；P_m 表示风力机输出功率；ω_m 表示风力机旋转角速度（正比于转速）。试说明该曲线表示风力机具有什么特性。

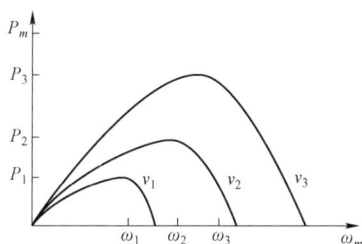

图 1-1　风力机功率特性曲线

答：该曲线说明在每一个确定的风速下，风力机输出功率随其转速变化具有最大值输出特性；即在每一个确定的风速下，调节风力机转速可获得最大输出功率，实现风能的最大捕获。

16. 简述风机的制动过程。

答：叶片顺桨，以进行气动刹车，机械制动由刹车圆盘和多个刹车盘作用的刹车钳组成。在刹车时，先进行空气制动，之后进行机械制动，这是为了减小作用于传动轴上的扭矩，延长传动轴寿命。

17. 简述超声波风速风向仪原理。

答：声音在静止的空气中传播的速度与在流动空气中相比，流动空气中的速度是迭生的，比静止的空气中传播要快很多。风的运行方向在与声音的方向一致时，会增加声音的传播速度；风的方向与声音的方向相反时，它会降低声音的传播速度。通过多个互成一定角度的超声波探头,测量信号传输的时间差异,综合测量结果送到一个微型处理器中进行处理,这样就可以得到风的速度和方向。

18. 风力发电场每台风力发电机应建立哪些技术档案?

答:(1)制造厂提供的设备技术规范和运行操作说明书、出厂试验记录,以及有关图样和系统图。

(2)风力发电机组安装记录、现场调试记录和验收记录及竣工图样和资料。

(3)风力发电机组输出功率与风速的关系曲线(实际运行测试记录)。

(4)风力发电机组事故和异常运行的记录。

(5)风力发电机组检修及重大改进记录。

(6)风力发电机组的运行记录,主要内容有发电量、运行小时、故障停机时间、正常停机时间、检修停机时间等。

19. 风电场定期维护全过程管理内容有哪些?

答:(1)风力发电场应根据定期维护计划和实施方案安排人员和车辆,准备工器具、备品备件等。

(2)维护人员应按照维护手册要求、工期计划、安全措施,全面完成规定维护项目。

(3)定期维护通过验收后,恢复机组运行,风力发电场应跟踪机组在规定时间内的运行情况。

(4)维护人员应填写风电机组定期维护记录,并整理归档。

(5)定期维护计划完成后应提交风力发电场定期维护总结报告。

20. 风电机组设备安装完毕,安装单位需提交哪些资料?

答:(1)安装竣工图、安装记录、验收报告等技术资料。

（2）随设备到货的出厂记录。

（3）设计修改通知书。

（4）主要设备缺陷处理一览表及有关设备处理的技术资料等。

21. 各级风电企业应建立完善的技术档案管理制度，风电机技术资料应包括基建期资料、生产期资料及技术管理资料。主要技术资料有哪些？

答：主要技术资料包括下列方面：

（1）设备台账（生产厂家、主要技术参数、规格、型号、制造记录、出厂检验记录、到场验收记录、重大缺陷、检修、异动、技改等重要信息）。

（2）受监范围内设备（部件）的制造资料，包括设备（部件）的质量保证书或产品合格证。

（3）受监范围内设备（部件）的监造、安装前检验技术报告和资料。

（4）受监范围内设备（部件）的设计、安装、竣工等技术资料。

（5）机组的调试、试运行及验收报告。

（6）安装、监理单位移交的有关技术报告和资料。

（7）运行和检修技术档案。

22. 风电机组监测的温度值有哪些？

答：（1）齿轮油温度。

（2）发电机绕组温度。

（3）齿轮箱轴承温度。

（4）发电机前轴承温度。

（5）发电机后轴承温度。

（6）环境温度。

（7）机舱温度等。

23. SCADA 系统的功能有哪些？

答：（1）与风电场中各个风电机组建立通信连接（本地或远程）。

（2）读取并显示风电机组的运行数据。

（3）风电机组的远程控制，包括远程开机、停机、左右偏航、复位等。

（4）历史运行数据的保存、查询及维护。

（5）风机故障报警、故障现场数据的保存与显示。

（6）风电机组运行数据统计，包括日报表、月报表、年报表。

（7）绘制风速－功率曲线、风速分布曲线及风速趋势曲线。

（8）远程设置风电机组的运行参数。

24. 风电机组检测到电网电流不平衡的可能原因有哪些？

答：（1）变流器：检查电网电流互感器阻值是否偏差过大，检查变流器本身网侧电流、定子电流是否平衡，是否有偏差。

（2）发电机：检查发电机定子、转子的绕组阻值是否与实际值有偏差。

（3）箱式变压器：检查箱式变压器的低压、高压侧绕组阻值是否与实际值有偏差。

25. 进入风电机现场作业时，必须使用的个人防护设备有哪些？防护设备的日常保养应注意什么？

答：个人防护设备包括安全带（整套）、安全帽、安全靴、手套，低温环境中还需要保暖衣。

日常保养应注意以下方面：

（1）绝对不能与酸类或腐蚀性化学药品接触。

（2）不得接触尖锐边缘，以及带尖锐边缘的物体。

（3）必须使用温水和专用于质地柔嫩物体的洗涤剂洗涤，随后置于阴处晾干。

（4）必须存放在通风良好的地方，并避免太阳直接照射。

26. 风电机巡视检查的内容有哪些？

答：（1）弹性减振器检查。

（2）发电机与底座螺栓检查。

（3）发电机绕组绝缘、直流电阻检查。

（4）发电机轴承声音、油脂检查。

（5）电缆及其紧固检查。

（6）碳刷、滑环、编码器等附件检查。

（7）通风及冷却系统检查。

（8）电机运转声音检查。

27. 每次巡视风力发电机组时，必须对液压系统进行检查及清洁。在设备运行中监视工况具体检查的主要项目有哪些？

答：（1）检查液压系统站体、阀体、管路及其他所有元件是否正常。

（2）检查液压油位是否正常，油位低时加注液压油。

（3）检查过滤器是否堵塞，液压系统各阀体有无泄漏和损坏，管路是否有泄漏，各液压缸是否有泄漏。

（4）记录叶尖压力数值、系统压力数值，记录系统建压范围及建压间隔，检查中应随时记录检查结果。对液压系统进行清洁时，需要清洁各阀体、过滤器、压力表、蓄能器、油箱箱体、电动机、连接管路、集油盘的灰尘和油污。

28. 风电机塔架巡视检查的内容有哪些？

答：（1）塔架内外壁表面漆膜检查。

（2）内部照明检查。

（3）爬梯、防坠绳、助爬器及平台检查。

（4）塔架内部焊缝检查。

（5）底、中、顶部法兰及紧固件连接螺栓检查。

（6）塔架与基础、塔架与机舱、各段塔架间接地连接检查。

（7）塔架内提升机盖板检查（提升机在塔架内情况）。

（8）电缆桥架、电缆防护套及电缆是否磨损、松动检查。

（9）导电轨有无松动、变形检查。

29. 风电机主轴定期维护项目有哪些？

答：（1）检查主轴部件有无破损、磨损、腐蚀，螺栓有无松动、裂纹等现象。

（2）检查主轴运转时有无异常声音及其振动情况。

（3）检查轴封有无泄漏，轴承两端轴封润滑情况。

（4）根据力矩表紧固主轴螺栓、轴套与机座螺栓。

（5）检查主轴的轴承支撑有无异常。

（6）检查主轴润滑系统有无异常，是否按要求进行注油。

（7）检查注油罐油位是否正常。

（8）检查主轴与齿轮箱间连接装置，根据力矩表紧固螺栓力矩。

30. 机械制动系统定期维护检查的主要内容是什么？

答：（1）检查制动系统接线端子有无松动。

（2）检查制动盘和制动块间隙，间隙不能超过产品技术要求数值。

（3）检查制动块磨损程度。

（4）检查制动盘是否松动，有无磨损和裂缝。如果需要更换，应符合产品技术要求。

（5）检查液压站各测点压力是否正常。

（6）检查液压连接软管和液压缸的泄漏与磨损情况。

（7）根据力矩表紧固机械制动器相应螺栓。

（8）检查液压油位是否正常。

（9）按规定更换过滤器。

（10）测量制动时间，并按规定进行调整。

六、计算题

1. 某风电场测得年平均风速不大于 4m/s 的风速占比为 20%，而不小于 25m/s 的风速占比为 5%，求年平均风速在 4～25m/s 区间内的有效风时数是多少？

答：4～25m/s 区间内的有效风时数=（1-20%-5%）×8760h=6570h

2. 某台风力发电机组全年维修用时 72h，故障停机 228h，试求该机组的年可利用率（时数均按自然时数计）。

答：年可利用率 = $\dfrac{\text{年小时数}-（\text{年维修小时数}+\text{年故障停机小时数}）}{\text{年小时数}}×100\%$

=[8760-（72+228）]/8760×100%=96.6%

3. 某风电机组的直径 D 为 70m，额定风速为 13m/s，风能利用系数为 0.45，空气密度为 1.169kg/m^3，风电机组机械传动系统和电气系统总效率为 0.9，计算该风电机组的额定功率。

答：根据风能公式有

$W=1/2C_pA\rho v^3=0.5×0.45×0.25×3.14×70^2×1.169×13^3$

　　=2222.8（kW）

则风电机组额定功率为

$P=2222.8×0.9=2000.5（kW）$

4. 根据图 1-2 所示，计算 0~1、1~3、1~5、3~6 各时段的标准能量利用率。

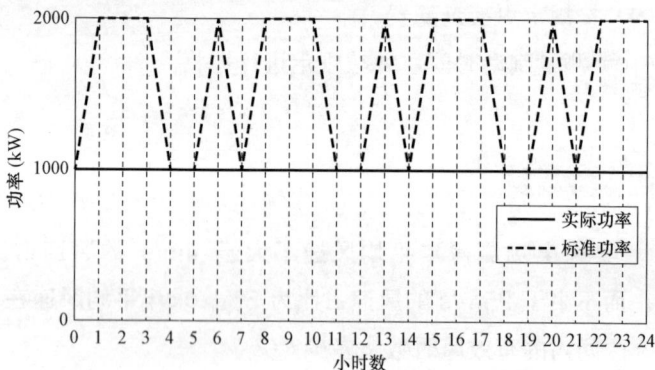

图 1-2　功率-小时数曲线

答：首先，按照图 1-2 所示，假设所有机组功率稳定时没有功率变化，标准功率升高时成线性升高的趋势，同时假设所有功率斜率变化的点为时间的整点，得到以下计算结果。

（1）0~1 时段：标准功率升高，该时段的标准能量利用率=实际电量/标准电量×100%=66.67%。

（2）1~3 时段：标准功率稳定，该时段的标准能量利用率=实际电量/标准电量×100%=50%。

（3）1~5 时段：标准功率波动较大，该时段的标准能量利用率=实际电量/标准电量×100%=61.54%。

（4）3~6 时段：标准功率波动较大，该时段的标准能量利用率=实际电量/标准电量×100%=75%。

第二章

偏 航 变 桨 系 统

一、判断题

1. 偏航制动器可以是常开式或常闭式,常开式制动器一般是指有液压力或电磁力驱动时,制动器处于松开状态的制动器。

（×）

2. 偏航制动器摩擦片上禁沾油污,任何残留油污都将明显降低摩擦片的摩擦系数。 （√）

3. 偏航轴承的维护中,密封带和密封系统至少每两年检查一次。 （×）

4. 偏航电动机电磁刹车整流桥烧毁会导致机组偏航时电磁刹车机构保持刹车状态不动作。 （√）

5. 一般在偏航系统启动时先启动电动机再紧闸,在偏航停止时先停电动机再松闸。 （×）

6. 在执行手动偏航时,偏航闸一般不需要完全释放。

（×）

7. 偏航系统的基本功能有偏航对风、解缆顺缆、风轮保护等。

（√）

8. 当风速大于开机风速时,要求风力发电机组的偏航机构始终能自动跟风,跟风精度范围为±20°。　　　　　　　　（×）

9. 风电机组正常运行时,液压偏航刹车夹钳处在最小压力作用下。　　　　　　　　（×）

10. 在解缆过程中,机组自动对风将禁止,机组将禁止启动。
（√）

11. 偏航刹车为液压驱动刹车,在自动偏航时刹车仍然保持一定的余压,使偏航过程中始终有阻尼存在,保证偏航运动更加平稳,避免可能发生的振动现象。　　　　　　　　（√）

12. 机组在待机模式下,如果偏航圈数大于两周,则开始自动解缆。　　　　　　　　（√）

13. 液压刹车,自动解缆时刹车钳处于全释放状态。（√）

14. 偏航系统主要实现两个功能,一个是使机舱跟踪风向变化稳定的风向;另一个是由于偏航的作用导致机舱内部电缆发生缠绕而自动解除缠绕。　　　　　　　　（√）

15. 风电机组自动解缆系统是针对变桨距控制而设计的。
（×）

16. 发电状态下,三支桨叶卡死在 0°工作位置上,可以通过传动链上的制动器将叶轮制动停下。　　　　　　　　（×）

17. 维护状态下,依次将三支桨叶调节至 0°时是安全的。
（×）

18. 变桨距控制是风电机组跟踪最大风能的主要控制策略。
（×）

19. 统一变桨距就是三个桨叶的变桨距控制机构使用相同的给定信号。　　　　　　　　（√）

20. 风向标的信号也作为解缆控制系统的给定信号。（×）

21. 变桨系统的主要作用是调节风轮的转速（控制功率的输出）和确保风机的安全制动。 （√）

22. 变桨中控箱内配置了三个电池充电器，根据需要分别给三个电池箱充电，充电过程受主控 PLC 控制。 （×）

23. 为了确保变桨充电设备的安全使用，当充电电流大于充电器额定充电电流的 0.5 倍时，充电器的散热风扇应该开启。

（√）

24. 即使变桨系统充电器被关闭，充电回路上仍然带有危险电压，人接触会导致触电。 （√）

25. 对变桨充电设备进行操作维护时，一定要确保变桨系统的主电源开关和电池供电开关已经断开，并防止被人误闭合。

（√）

26. 手动模式时，人机界面提供桨叶角度调整，在同一时刻可以有多片桨叶离开顺桨位置。 （×）

27. 扭缆保护装置是偏航系统必须具有的装置，它是出于失效保护的目的而安装在偏航系统中的。 （√）

28. 一般情况下，扭缆保护装置独立于控制系统，一旦装置被触发，则机组必须进行紧急停机。 （√）

29. 限位开关使用的是常开触点。 （×）

30. 当风速超过额定值时，机组进入保持额定功率状态，通过变桨距机构动作，减小桨距角，减小风能利用系数，从而减少风轮捕获风能。 （×）

31. 功率调节可以通过变桨到主动失速实现，也可以通过变桨到顺桨实现，后一个过程是通过增大攻角达到减少桨叶的升力来实现的。 （×）

32. 为了在整个叶片长度方向均能获得有利的攻角，必须使

叶片每个截面的安装角随着半径的增大而逐渐增大。　（×）

33. 桨距角的一个小变化可以对功率的输出产生显著的影响，正的桨距角设置为增大攻角，负的桨距角设定为减小攻角。
　（×）

二、单选题

1. 为了让叶轮能自动对准风向，通常风力发电机都采用_____。（D）

　A. 变桨装置　　　　　　B. 风向标

　C. 风速仪　　　　　　　D. 偏航装置

2. 扭缆保护装置是出于保护机组的目的而安装在偏航系统中的，在偏航系统的偏航动作失效后，一旦该装置被触发，则风力发电机组将_____。（C）

　A. 停机　　　　　　　　B. 待机

　C. 紧急停机　　　　　　D. 自动解缆

3. 下面选项中，不属于风电机组偏航系统的控制功能的是_____。（B）

　A. 机舱自动对风　　　　B. 改变桨距角

　C. 自动解缆　　　　　　D. 机舱背风

4. 为避免风力发电机组在偏航过程中产生过大的振动而造成整机的共振，偏航系统在机组偏航时必须具有合适的_____。（B）

　A. 转动力矩　　　　　　B. 阻尼力矩

　C. 制动力矩　　　　　　D. 驱动力矩

5. 下列偏航指令优先级最低的是_____。（C）

　A. 机舱左右偏航开关偏航

B. 中控远程偏航

C. 自动对风

D. 解缆

6. _____的存在可以使风力发电机组在偏航时，偏航闸与刹车盘之间保持一定的阻尼力矩，减少偏航过程中的冲击载荷及振动。（B）

A. 偏航计数器 　　　　　 B. 偏航余压

C. 解缆 　　　　　　　　 D. 偏航轴承

7. 当电缆缠绕角度大于电缆缠绕安全角度时，解缆偏航程序执行。在解缆过程中，偏航液压闸一般都在_____状态，自动偏航角度一般设在_____。（C）

A. 完全锁紧，360° 　　　 B. 完全锁紧，90°

C. 完全释放，360° 　　　 D. 完全释放，90°

8. 偏航制动器制动块如接触油脂，会_____。（C）

A. 降低制动时间 　　　　 B. 提高响应速度

C. 降低摩擦系数 　　　　 D. 提高摩擦系数

9. _____是偏航系统必须具有的装置。其作用是偏航动作失效后，电缆的扭绞达到威胁机组安全运行的程度而触发该装置，使机组进行紧急停机。（D）

A. 安全连 　　　　　　　 B. 偏航电机

C. 偏航制动器 　　　　　 D. 扭缆保护装置

10. 在国家标准中规定，使用"pitch angle"来表示_____。（B）

A. 主风方向 　　　　　　 B. 桨距角

C. 风力机 　　　　　　　 D. 以上都不对

11. 根据 NB/T 31072—2015《风电机组风轮系统技术监督规

程》的要求，变桨蓄电池电加热装置应投退正常，环境温度在低于_____时能够自动投入，高于_____时自动退出。（A）

    A. 15℃，25℃   B. 10℃，20℃

    C. 10℃，25℃   D. 15℃，30℃

12. 根据 NB/T 31072—2015《风电机组风轮系统技术监督规程》的要求，电动变桨系统蓄电池运行满_____宜全部更换。（B）

    A. 5 年   B. 3 年

    C. 2 年   D. 1 年

13. 功率调节可以通过变桨到顺桨实现，这一过程是通过_____攻角达到目的的。（B）

    A. 增大   B. 减少

    C. 保持不变   D. 与攻角大小没有关系

14. 变桨距风力发电机组液压系统油箱油位应高于_____位置处，否则应补充油量。（D）

    A. 1/2   B. 1/3

    C. 2/3   D. 3/4

15. 变桨距风力发电机组液压系统安全阀在开始运行_____后进行一次检查，以后每_____检查一次。（A）

    A. 3 个月，1 年   B. 3 个月，6 个月

    C. 6 个月，1 年   D. 6 个月，2 年

16. 变桨系统中使用的直流电动机是通过改变_____来改变电动机的转向。（A）

    A. 定子电源极性   B. 转子电源极性

    C. 定子转子同时改变极性   D. 改变磁极对数

17. 下列选项中，不是变桨距风轮的优点的是_____。（D）

    A. 叶轮启动性能好

B. 刹车机构简单，叶片顺桨后风轮转速可以逐渐下降

C. 额定点以后输出功率平滑

D. 功率调节系统简单

18. 变桨小齿轮与变桨齿圈的正常啮合间隙为_____。（A）

A. 0.2～0.5mm

B. 0.3～0.6mm

C. 0.4～0.7mm

D. 0.5～0.8mm

三、多选题

1. 下列属于偏航系统的是_____。（ABD）

A. 偏航电动机

B. 偏航轴承

C. 滑环

D. 凸轮计数器

2. 下列属于偏航驱动机构的是_____。（AB）

A. 偏航电动机

B. 偏航减速器

C. 风向标

D. 偏航计数器

3. 偏航电动机电磁刹车整流桥烧毁时，会导致_____。（BC）

A. 偏航计数器烧毁

B. 偏航过载故障

C. 保持偏航刹车状态不动作

D. 偏航卡钳抱死

4. 下列故障现象会导致偏航定位不准确的是_____。（ABCD）

A. 风向标信号不准确

B. 偏航阻尼力矩过大

C. 偏航阻尼力矩过小

D. 偏航制动力矩不够

5. 下列会导致偏航系统齿轮齿面磨损的是_____。（AD）

A. 齿轮副的长期啮合运转

B. 偏航阻尼力矩过小

C. 偏航阻尼力矩过大

D. 相互啮合的齿轮副齿侧间隙中渗入杂质

6. 关于风电机组偏航系统，下列说法正确的是_____。（BD）

A. 偏航系统制动器可以是常开式或常闭式，采用常闭式制动器时偏航系统应具有偏航定位锁紧装置

B. 制动器应设有自动补偿机构，以便在制动衬块磨损时进行自动补偿

C. 在自动对风偏航过程中，偏航液压闸完全释放，由程序自动控制偏航

D. 一般情况下，在偏航启动时先启动电动机再松闸，在偏航停止时先紧闸再停电动机

7. 下列偏航指令按优先级最高的前两位是_____。（AD）

A. 机舱左右偏航开关偏航　　B. 中控远程偏航

C. 自动对风　　　　　　　　D. 解缆

8. 下列原因中，可能引起"偏航失败"的是_____。（ABCD）

A. 偏航码盘计数丢失　　　　B. 风向仪标识错误

C. 偏航接触器失效　　　　　D. 偏航电动机刹车未释放

9. 下列属于风机自动偏航的动作步骤的是_____。（ABCD）

A. 偏航准备　　　　　　　　B. 偏航刹车释放

C. 等待偏航电动机启动　　　D. 偏航开启

10. 被动偏航指的是依靠风力通过相关机构完成机组风轮对风动作的偏航方式，常见的方式包括_____。（BD）

A. 前舵调向　　　　　　　　B. 尾舵调向

C. 正风轮调向　　　　　　　D. 侧风轮调向

11. 偏航系统定位不准的常见故障原因是_____。（ABCD）

A. 风向标信号不准确

B. 偏航阻尼力矩过大或过小

C. 偏航制动力矩不够

D. 偏航齿圈与驱动齿轮的齿侧隙大

12. 偏航自动润滑系统一般由＿＿＿＿部分润滑管路线组成。（ABC）

A. 润滑泵   B. 油分配器

C. 润滑小齿轮   D. 自备电源

13. 偏航系统设置了各种必要的传感器来时刻监测＿＿＿＿等，保证偏航系统准确稳定运行。（ABD）

A. 风速风向信息   B. 偏航系统状态

C. 机组振动状态   D. 偏航系统运行数据

14. 偏航菜单下可查看的数据有＿＿＿＿。（ABC）

A. 机舱扭缆角度   B. 机舱相对风向夹角

C. 偏航功率   D. 减速机润滑油油位

15. 机组偏航系统无法正常工作的原因有＿＿＿＿。（ABCD）

A. 液压系统故障   B. 安全链有中断

C. 机舱与主控的通信不通   D. 缺相或断相

16. 偏航电动机不动作的原因可能是＿＿＿＿。（ACD）

A. 偏航电动机主开关断开   B. 风速风向仪故障

C. 偏航接触器烧损或缺相   D. 偏航电动机损坏

17. 检查偏航制动器摩擦片的＿＿＿＿及摩擦片是否存在＿＿＿＿，当摩擦片最低点厚度不足 2mm 时，必须更换。（BC）

A. 完好情况   B. 磨损情况

C. 裂缝   D. 脱落

18. 对变桨系统进行电气测试，包括＿＿＿＿。（ABCD）

A. 同步试验   B. 单只叶片独立变桨

C. 零位校验   D. 顺桨校准

19. 在变桨距风力发电机组中，液压系统的主要作用

是＿＿＿。（AB）

A. 控制变桨距机构　　　B. 控制机械刹车机构

C. 控制风轮转速　　　　D. 控制发电机转速

20. 变桨距控制风轮的优点包括＿＿＿。（ABCD）

A. 启动性好

B. 刹车机构简单，叶片顺桨后风轮转速可以逐渐下降

C. 额定点以前的功率输出饱满

D. 额定点以后的输出功率平滑

21. 相比密封铅酸蓄电池作为备用电源的变桨系统，采用超级电容的变桨系统具有的优点有＿＿＿。（ABCD）

A. 充电电流大，充电时间短

B. 交流变直流的整流模块同时作为充电器，无须再单独配置充放电管理电路

C. 超级电容的容量随使用年限的增加，衰减较小

D. 体积小，质量轻，寿命长

22. 变桨控制柜与风机主控的连接（与机舱柜的连接）包括＿＿＿。（ABC）

A. 400V AC 电源　　　B. 24V DC 硬接信号线

C. PROFIBUS 通信总线　D. 光纤

23. 电控变桨在手动操作前，变桨系统要满足的条件是＿＿＿。（ABCD）

A. 变桨系统的 400V AC 电源供电正常

B. 所有桨叶处于限位位置

C. 变桨系统与风机主控通信正常

D. 风机主控给定变桨系统的手动操作使能信号

24. 变桨系统在整个机组系统中的作用为＿＿＿。（ABCD）

A. 桨距调节　　　　　　B. 桨距角的采集

C. 故障保护　　　　　　D. 变桨外围数据的采集

四、填空题

1. 在一般的运行情况下,风轮动力来源于气流在翼型上流过产生的升力。由于风轮转速恒定,风速增加叶片上的迎角随之增加,直到最后气流在翼型上表面分离而产生脱落,这种现象称为失速。

2. 叶轮旋转时叶尖运动所生成圆的投影面积称为扫风面积。

3. 叶片的固有频率应与风轮的激振频率错开,避免产生共振。

4. 对于在沿海地区运行的风电机组,叶片设计时应考虑盐雾对其各部件的腐蚀影响,并采取相应的防腐措施。

5. 叶轮是吸收风能并将其转换成机械能的部件。

6. 轮毂是叶轮的枢纽,也是叶片根部与主轴的连接件。

7. 风轮的功率大小取决于风轮直径。

8. 造成叶片表面裂纹的原因是低温和机组自振。

9. 叶片裂纹发展至增强玻璃纤维处,必须修补。

10. 叶片根部连接是 T 型螺纹连接。

11. 叶片安装紧固时应按交叉、对称、逐步、均匀原则拧紧,以额定扭矩值的 50%、75%、100%分三次按顺序依次紧固。安装后检查叶片安装角在规定值内,三支叶片安装角应一致。

12. 风轮吊装完成后,双馈机型需保证风轮与机舱超过一半的连接螺栓紧固到 50%额定扭矩值之后,才可撤除风轮吊具;直驱机型需保证风轮与发电机全部连接螺栓紧固到 100%额定扭矩值之后,才可撤除风轮吊具。

13. 扭缆保护装置是出于保护机组的目的而安装在偏航系统中的，在偏航系统的偏航动作失效后，一旦这个装置被触发，则风力发电机组将<u>紧急停机</u>。

14. 风力发电机组的偏航系统的主要作用是与其控制系统配合，使风电机的风轮在正常情况下处于<u>迎风状态</u>。

15. 偏航系统必须具有偏航定位<u>锁紧装置</u>或防逆传动装置。

16. <u>偏航计数器</u>是记录偏航系统旋转圈数的装置。

17. <u>偏航驱动</u>是风力发电机组执行偏航动作的动力机构。

18. 根据机组型号不同，偏航电动机多采用两个或两个以上，实际维护中根据其在机舱的位置，通常称为左偏航电动机、右偏航电动机；在偏航过程中两电动机转向是<u>相同</u>的。

19. 偏航系统，当摩擦片的最低点的厚度不足<u>2mm</u>时，必须更换。

20. 偏航制动器检查时，应检查<u>制动摩擦片间隙</u>或制动阻尼器。

21. 电动变桨系统须设置后备电源，不同型式后备电源的容量应满足变桨电动机工作在规定载荷情况下，以设计要求的变桨距速度在整个变桨距角范围内完成不少于下列次数顺桨的能力：铅酸蓄电池不少于<u>3次</u>，锂电池不少于<u>2次</u>，超级电容不少于<u>1次</u>。

22. 液压变桨系统须配置储能装置，蓄能器应满足液压缸在规定载荷情况下工作，以满足设计要求的<u>最大</u>变桨距速率在整个变桨距角范围内完成顺桨的能力。

23. 通过人机界面或手动操作装置切换到手动操作，应保证同一时间仅能对一支叶片进行手动变桨，并在其回到<u>安全位置</u>后才能驱动另一支叶片。

24. 根据驱动动力，变桨系统可分为<u>液压变桨</u>和电动变桨两种。

25. 变桨驱动装置由变桨电动机和变桨齿轮箱两部分组成。

26. 液压变桨控制系统的节距控制是通过比例阀来实现的。

27. 变桨轴承采用双排深沟球轴承，深沟球轴承主要承受纯径向载荷，也可承受轴向载荷。

28. 变桨轴承采用双排深沟球轴承。

29. 变桨系统的主要功能是变桨功能和制动功能。

30. 电变桨机组液压系统的作用是控制高速轴转子刹车和偏航刹车。

31. 当手动操作一片桨叶进行维护时，必须保证其他两叶片在顺桨位置。

32. 风速超过 12m/s 时不得打开机舱盖。

33. 定桨距机组退出运行时，机舱尽可能处于侧对风状态。

五、问答题

1. 绘出偏航控制系统图，并简要说明偏航控制系统的工作原理。

答：绘图如图 2-1 所示。

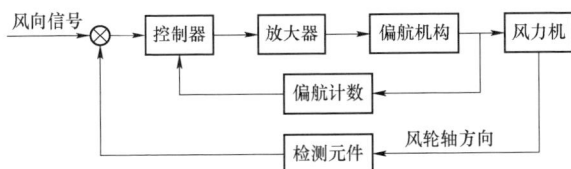

图 2-1　偏航控制系统图

工作原理如下：当风速大于设定值时，如果机头方向与风向夹角超过设定角度，风力发电机组将执行偏航对风，当此角度到达设定角度之内时，风力发电机组停止偏航。风力发电机组连续地检测风向角度变化，并连续计算单位时间内平均风向。风力发电机组根据平均风向判断是否需要偏航，防止在风扰动下的频繁偏航。当偏航条件具备时，风力发电机组释放偏航刹车，偏航电动机动作执行偏航任务。

2. 风电机组的偏航系统一般由哪几部分组成？其主要作用是什么？

答：风电机组的偏航系统一般由偏航轴承、偏航驱动装置、偏航制动器、偏航计数器、扭缆保护装置、偏航液压回路等部分组成。

其主要作用有：首先与风力发电机组的控制系统相互配合，使风轮始终处于迎风状态；其次提供必要的锁紧力矩，保障风力发电机组安全稳定运行。

3. 结合图 2-2 简述偏航解缆器的调试方法和步骤。

答：首先检查风机塔筒的动力电缆是否完全垂直，在动力电缆完全垂直的情况下设置偏航解缆器即凸轮开关的零位置。设置方法如下：

（1）打开偏航解缆器，由外至内分别是 4、3、2、1 号凸轮（见图 2-2），调整控制 4 号凸轮（左右信号）位置的螺栓，使 4 号凸轮位置的正视图如图 2-2 所示，且凸轮边缘恰好与触点接触。

（2）调整 1 号凸轮（右转解缆信号），将白色小齿轮顺时针（俯视）旋 36 圈，使 4 号凸轮位置的正视图如图 2-2 所示，且凸轮

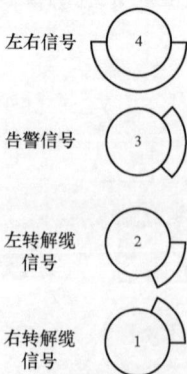

左右信号　4

告警信号　3

左转解缆信号　2

右转解缆信号　1

图 2-2　偏航解缆器

边缘恰好与触点接触。

（3）调整 3 号凸轮（告警信号），将白色小齿轮顺时针（俯视）旋 2 圈，调整 3 号凸轮螺栓，使凸轮从逆时针（俯视）方向与触点接触。

（4）将白色小齿轮逆时针旋 38 圈，4 号凸轮回到 0 位置。

（5）调整 2 号凸轮（左转解缆信号），将白色小齿轮逆时针（俯视）旋 36 圈，使 2 号凸轮位置的正视图如图 2−2 所示，且凸轮边缘恰好与触点接触。

（6）将白色小齿轮逆时针（俯视）旋 2 圈，调整 3 号凸轮螺栓，使凸轮从顺时针（俯视）方向与触点接触。

（7）将白色小齿轮逆时针旋 38 圈，4 号凸轮回到 0 位置。

4. 偏航系统巡视检查内容有哪些？

答：（1）外观检查。

（2）紧固件螺栓检查。

（3）偏航驱动电动机检查。

（4）偏航减速器检查。

（5）小齿轮与回转齿圈外观及啮合情况检查。

（6）偏航制动器检查，制动摩擦片间隙或制动阻尼器检查。

（7）偏航计数装置（限位开关、接近开关）检查。

（8）偏航系统润滑装置检查。

（9）偏航有无异常声音检查。

（10）偏航系统对风及解缆功能检查。

5. 偏航系统定期检查维护项目及要求是什么？

答：（1）检查齿面是否有非正常的磨损与裂纹，检查轴承是否需要加注润滑脂。若需要，按技术要求加注规定型号的润滑脂。

（2）应使用清洗剂清洗减速箱，然后更换润滑油，检查轮齿齿面的点蚀情况，并检查啮合齿轮副的侧隙。

（3）检查偏航轴承连接螺栓的紧固力矩，确保紧固力矩为机组设计文件的规定值，全面检查齿轮副的啮合侧隙是否在允许的范围之内。

6. 简述偏航系统定位不准的常见故障原因及处理方法。

答：（1）风向标信号不准确，校正调准风向标信号。

（2）偏航阻尼力矩过大或过小，将偏航阻尼力矩调到额定值。

（3）偏航制动力矩不够，将偏航制动力矩调到额定值。

（4）偏航齿圈与驱动齿轮的齿侧隙大，调整齿轮副的齿侧隙。

7. 电动变桨系统的基本原理是什么？

答：电动变桨系统的基本原理为：伺服电动机（变桨电动机）为变桨系统提供原动力，电动机输出轴与减速器同轴相连。减速器将电动机的扭矩增大到适当的倍数（例如 100～200 倍）后，再将减速器输出轴上的力矩通过一定方式传动到叶根轴承的旋转部分从而带动叶片旋转，实现变桨。

8. 试画出风轮以某种速度稳定旋转时，叶片翼型剖面受力图，并加以说明。

答：绘图见图 2-3。

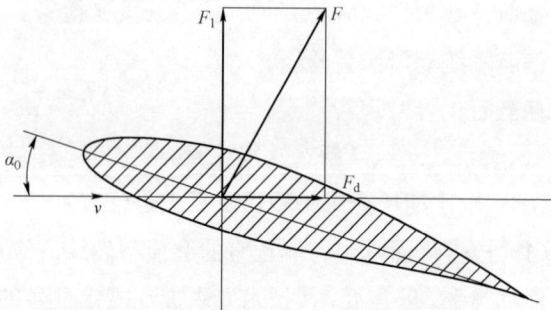

图 2-3　风轮叶片翼型剖面受力图

图 2-3 中，F 为气动力；F_d 为平行于来流的阻力分量；F_1 为垂直于来流的升力；α_0 为迎角；v 为风速。

9. 风电机叶片的主要作用是什么？叶片普遍采用的材料有哪些？风电机对叶片的要求有哪些？

答：叶片是风电机接受风能的主要部件，将风能转换为机械能；叶片普遍采用的材料有玻璃纤维增强聚酯树脂、玻璃纤维增强环氧树脂、碳纤维增强环氧树脂；风电机要求叶片具有高效接受风能的翼形、合理的安装角、科学的升阻比、合理的结构、优质的材料、先进的工艺、结构强度高、疲劳强度高、表面光滑、运行安全可靠、易于安装维护等。

10. 相比密封铅酸蓄电池作为备用电源的变桨系统，采用超级电容的变桨系统具有哪些优点？

答：（1）充电电流大，充电时间短。

（2）交流变直流的整流模块同时作为充电器，无须再单独配置充放电管理电路。

（3）超级电容的容量衰减小。

（4）寿命长，维护少。

（5）体积小，质量轻。

11. 变桨距风力发电机组液压系统的功能有哪些？

答：（1）改变叶片的桨距角变桨距。变桨距风力发电机组是指安装在轮毂上的叶片可以通过风速的变化及桨距调节机构，调节桨叶节距角的大小，改变桨叶攻角，从而改变风力发电机组获得的气动力矩，使风力发电机组功率输出保持稳定。

（2）高速轴刹车的控制。当转速超越上限发生飞车时，发电机自动脱离电网，桨叶打开，实行软刹车，液压制动系统动作——刹车，使桨叶停止转动，调向系统将机舱整体偏转 90°侧风，对整个塔架实施保护。

12. 风电机组变桨系统常见故障有哪些?

答：常见故障包括变频器故障、备用电源系统蓄电池故障、变桨电动机故障、角度编码器故障、滑环故障、变桨限位开关故障。

13. 风电机叶片常见故障有哪些? 原因是什么?

答：（1）长时间缺少维护，叶片出现盐雾、油污等导致叶片表面腐蚀。

（2）叶片表面砂眼，是由于叶片表面没有了保护层引起的。叶片表面胶衣脱落后，被风沙摩擦，首先出现麻面，进而形成砂眼。

（3）风电机叶片自然开裂。风力机叶片运转 5 年后，叶片树脂胶衣已被风沙摩擦至最低固合力点，原始叶片的内黏合受黏合面积不均，受力点不均，风力机的每次弯曲、扭曲、自振，都可能造成叶片的内合黏缝处自然开裂。

（4）叶片折断事故，一般是由于风力机振动造成的。叶片在运行过程中出现裂纹时，由于未及时发现，风力机还在运转，每次弯曲、扭曲、自振，裂纹将加深和延长，直至在遇突发天气时横向折断。

（5）叶片遇雷击，较大可能是叶片内进水造成的。

第三章

主传动链及其附属设备

一、判断题

1. 齿轮箱轴线和与之相连接的部件的轴线应保持同心,其误差不得大于所选用联轴器和齿轮箱的允许值。　　　　（√）

2. 当齿轮箱油温超过预设温度时,齿轮箱产生的热量大于自然散失的热量,润滑油进入冷却器强制散失多余的热量。　（√）

3. 一般情况下,采用强制风冷形式的润滑冷却系统,油冷散热器安装在齿轮箱上方,油冷风扇从机舱内吸风,通过散热板进行对流换热之后将热风吹到机舱外部。　　　　　　（√）

4. 兆瓦级别的大型风电机组为了获得较大的传动比,齿轮箱一般采用两级行星轮和一级平行轮系的结构,将风轮所吸收的低转速、大扭矩的机械能转化成高转速、小扭矩的机械能。　　　　　　　　　　　　　　　　　（√）

5. 风电机组传动系统主要包括主轴、轴承、齿轮箱和润滑与冷却系统几个部分。　　　　　　　　　　　（×）

6. 齿轮箱油的作用就是润滑。　　　　　（×）

7. 风力发电机组发生齿轮箱润滑油位低时,运行人员应及时到现场可靠地检查齿轮箱润滑油油位，必要时测试传感器功能。

（√）

8. 更换齿轮油滤芯前润滑系统需泄压，冷却系统不需要泄压。 （×）

9. 齿轮箱油温太低时，可单独依靠加热器升高温度。

（×）

10. 滚动轴承内圈发生故障时，频域特征表现为以内圈转频为主。 （√）

11. 滚动轴承滚动体发生故障时，时域特征表现为周期性的冲击，频域特征表现为以滚动体公转频率为主。 （√）

12. 风力发电机组出现振动故障时，可复位运行。 （×）

13. 主轴检查时，应检查主轴部件有无破损、磨损、腐蚀，螺栓有无松动等现象。 （√）

14. 在机械刹车系统中装有刹车片磨损指示器，如果刹车片磨损到一定程度，控制器将显示故障信号，这时必须更换刹车片后才能启动风力发电机组。 （√）

15. 机组长时间停机后启机，由于齿轮箱温度较低，自加热过程较慢，可通过多次手动调整叶片角度，让齿轮箱高速运转，对齿轮油快速加热。 （×）

16. 连杆式联轴器属于弹性联轴器。 （√）

17. 安装联轴器时，在齿轮箱－联轴器－发电机轴线上，联轴器无前后之分。 （×）

18. 联轴器必须具有 100Ω以上的绝缘电阻，并能承受 1kV 电压。防止发电机通过联轴器对齿轮箱内的齿轮、轴承等造成电腐蚀以及避开雷击的影响。 （×）

19. 花键连接常用于具有过盈配合的齿轮或联轴器的连接。

（×）

20. 在齿轮箱油品采样时，考虑到样品份数的限制，一般选取运行状态较好的机组作为采样对象。（×）

21. 新投入的风力发电机组，齿轮箱首次投入运行磨合250h，要对润滑油进行采样并分析，润滑油第二次分析应在风力发电机组运行 18 个月后进行。（×）

22. 对齿轮箱取油样时，应等到齿轮油完全冷却后提取。（×）

23. 制动器在额定负载下闭合时，制动衬垫和制动盘的贴合面积应不大于设计面积的 50%。（×）

24. 加注液压油时，首先旋开空气过滤器，再把漏斗插入注油管中。（×）

25. 凡是涉及在液压系统上的维护工作，必须戴防护手套，因为液压油对皮肤有刺激作用。（√）

26. 当液压系统维护工作完成后，风力发电机可以立即投入运行。（×）

27. 在正常工作温度下液压油黏度范围一般为 $20\times10^{-5}\sim200\times10^{-5}m^2/s$。（×）

28. 液压系统中的过滤器，在没收到堵塞信号的情况下，至少每年清洗一次过滤器。（×）

29. 用液压扳手卸螺栓时要调到最大值。（√）

30. 液压系统中，蓄能器用来储存和释放液体压力能。蓄能器可作为辅助和应急能源使用，还可以吸收压力脉动和减少液压冲击。（√）

二、单选题

1. 一般风电机组在齿轮箱油温超过_____时会报警或停

57

机。(D)

  A. 30~40℃   B. 40~50℃

  C. 50~60℃   D. 70~80℃

2. 齿轮箱发生故障时,一般会有_____。(D)

  A. 振动加剧   B. 噪声增加

  C. 油温异常升高   D. 以上皆有可能

3. 齿轮箱外啮合渐开线圆柱齿轮的圆周速度不得超过_____,内啮合渐开线圆柱齿轮的圆周速度不得超过_____。(B)

  A. 20m/s,20m/s   B. 20m/s,15m/s

  C. 15m/s,20m/s   D. 15m/s,15m/s

4. 齿轮箱应允许承受发电机短时间_____额定功率的负荷。(B)

  A. 1.2 倍   B. 1.5 倍

  C. 1.8 倍   D. 2 倍

5. 并网型风力发电机组齿轮箱空载时,噪声不应大于_____。(C)

  A. 70dB(A)   B. 75dB(A)

  C. 80dB(A)   D. 85dB(A)

6. 新投入的风力发电机组,齿轮箱首次投入运行磨合_____后,要对润滑油进行采样分析。(B)

  A. 230h   B. 250h

  C. 260h   D. 270h

7. 轮齿接触斑点检验,可用_____进行。(C)

  A. 目测法   B. 实测法

  C. 涂色法   D. 实验法

8. 在标准条件下,风力发电齿轮箱的专业标准要求齿轮箱的机械效率大于_____。（C）

A. 95%　　　　　　　　　B. 96%

C. 97%　　　　　　　　　D. 98%

9. 对于新换齿轮箱的风电机组,应重点监视_____。（A）

A. 齿轮箱油温与轴温　　　B. 齿轮箱油温

C. 齿轮箱加热器开关状态　D. 齿轮箱轴温

10. 下列不属于齿轮箱上安装的传感器是_____。（D）

A. 油压传感器　　　　　　B. 温度传感器

C. 轴温传感器　　　　　　D. 流量传感器

11. 关于柱塞泵,下列说法正确的是_____。（A）

A. 对油的清洁度要求高　　B. 体积小

C. 结构较简单　　　　　　D. 价格较便宜

12. 将液体的压力能转换为旋转运动机械能的液压执行元件是_____。（B）

A. 液压泵　　　　　　　　B. 液压马达

C. 液压缸　　　　　　　　D. 控制阀

13. 下列不是水冷系统的优点的是_____。（D）

A. 水的比热系数比较大,比同体积的空气吸收的热量多

B. 噪声小

C. 有利于集中散热

D. 设备简单

14. 齿轮箱断齿的类型不包括_____。（D）

A. 过载折断　　　　　　　B. 疲劳折断

C. 随机断裂　　　　　　　D. 立即断裂

15. 滚动轴承内圈发生故障时,频域特征表现为以_____为

主。（B）

　　A. 外圈转频　　　　　　　　B. 内圈转频

　　C. 滚动体公转频率　　　　　D. 轴转频

　　16. 滚动轴承滚动体发生故障时，频域特征表现为以_____为主。（C）

　　A. 外圈转频　　　　　　　　B. 内圈转频

　　C. 滚动体公转频率　　　　　D. 轴转频

　　17. 超声波检测超声波探伤是用频率为_____的超声波，对工件或设备进行无损伤检验的一种检测技术。（C）

　　A. 1～3MHz　　　　　　　　B. 1～4MHz

　　C. 1～5MHz　　　　　　　　D. 1～6MHz

　　18. 通常所说的无损检测技术不包括_____。（C）

　　A. 射线照相　　　　　　　　B. 超声波检测

　　C. 振动检测　　　　　　　　D. 磁粉探伤

　　19. 滚动轴承如果油脂过满，会_____。（D）

　　A. 影响轴承散热

　　B. 减少轴承阻力

　　C. 增加轴承阻力

　　D. 影响轴承散热和增加轴承阻力

　　20. 矿物型润滑油存在高温时_____、低温时易凝结的缺点。（B）

　　A. 流动性差　　　　　　　　B. 成分易分解

　　C. 黏度高　　　　　　　　　D. 黏度低

　　21. 联轴器必须有大于或等于_____的阻抗，并且承受_____的电压。（C）

　　A. 100MΩ，1kV　　　　　　B. 80MΩ，1kV

C. 100MΩ，2kV　　　　　D. 80MΩ，2kV

22. 为保证发电机、联轴器等部件的使用寿命，必须每年进行_____同轴度检测。（B）

A. 1 次　　　　　　　　B. 2 次

C. 3 次　　　　　　　　D. 4 次

23. 关于盘式制动器，下列说法错误的是_____。（B）

A. 制动轴不受弯矩　　　B. 散热慢

C. 径向尺寸小　　　　　D. 构造简单

24. 下列属于风电机组常用固体润滑剂的是_____。（A）

A. 二硫化钼　　　　　　B. 四氯化碳

C. 细沙粒　　　　　　　D. 石灰粉

25. 关于润滑脂，下列说法正确的是_____。（C）

A. 只要都是润滑脂，不同品牌的可以混用

B. 同一把油枪可以用于不同种类的润滑脂加注

C. 不同种类的润滑脂应使用专用的补脂工具，各工具不能混用，应对工具做好相应标记

D. 发现润滑脂变色、硬化，可以继续使用

26. 润滑与冷却系统不包括_____。（D）

A. 泵单元　　　　　　　B. 冷却单元

C. 连接管路　　　　　　D. 控制单元

27. 风电机组油品检测技术一般不包括_____检测指标。（D）

A. 黏度　　　　　　　　B. 水分含量

C. 总酸值　　　　　　　D. 空气含量

28. 风力发电机组齿轮油如果是合成油，应在运行_____检测油样。（A）

A. 三个月　　　　　　　B. 六个月

C. 一年   D. 两年

29. 一般情况下，当温度下降时，油液的黏度_____。（B）

A. 下降   B. 增大

C. 不变   D. 以上都不对

30. 倾点和凝点都是用来表示油品低温性能的指标，但倾点比凝点更能直接反映油品在_____的流动性。（B）

A. 常温下   B. 低温下

C. 高温下   D. 正常情况下

31. 液压系统中的液压油在环境温度较低时，选用_____的油液。（B）

A. 黏度较高   B. 黏度较低

C. 与温度没有关系   D. 任意黏度

32. 当液压系统有几个负载并联时，系统压力取决于克服负载的各个压力值中的_____。（A）

A. 最小值   B. 额定值

C. 最大值   D. 极限值

33. 溢流阀在液压系统中的连接方式为_____。（B）

A. 串联   B. 并联

C. 装在液压泵前   D. 装在回油路上

34. 风电液压系统中液压油泵通常采用_____。（C）

A. 柱塞泵   B. 离心泵

C. 齿轮泵   D. 螺杆泵

35. 风电液压系统中常用 bar 来表示压力值，1bar 约等于_____。（A）

A. $1 \times 10^5 Pa$ B. $1kg/cm^2$

C. $1kg/mm^2$ D. 10atm

三、多选题

1. 下列选项中,导致齿轮箱油泵电动机过载的原因是_____。（BC）

A. 压力开关故障　　　　B. 齿轮油泵故障

C. 油温偏低　　　　　　D. 滤芯堵塞

2. 下列措施中,有利于改善齿轮箱油温高现象的是_____。（ABCD）

A. 增加散热器片数　　　B. 清洗散热片表面

C. 采用制冷循环冷却　　D. 改善机舱通风条件

3. 齿轮油的循环安全阀打开和关闭的压力分别为_____bar。（AD）

A. 3　　　　　　　　　　B. 4

C. 9　　　　　　　　　　D. 10

4. 齿轮箱润滑系统的作用为_____。（ABCD）

A. 减少摩擦和磨损,具有较高的承载能力,防止胶合

B. 吸收冲击和振动

C. 防止疲劳点蚀

D. 冷却、防锈、抗腐蚀

5. 一啮合齿轮,两个齿轮转频分别为 f_1 和 f_2,齿数分别为 z_1 和 z_2,则齿轮啮合频率 $f_m=$_____。（AB）

A. $f_1 \times z_1$　　　　　　B. $f_2 \times z_2$

C. $f_1 \times z_2$　　　　　　D. $f_2 \times z_1$

6. 风力发电机组传动链故障分析中常采用的数据图有_____。（ACD）

A. 时域图　　　　　　　B. 伯德图

C. 频谱图   D. 包络频谱图

7. 齿轮箱断齿的类型有_____。（ABC）

A. 过载折断   B. 疲劳折断

C. 随机断裂   D. 立即断裂

8. 齿轮齿廓形状主要由_____因数决定。（ABC）

A. 模数   B. 齿数

C. 压力角   D. 分度圆

9. 风力发电机组油冷却与润滑装置组成部分为_____。（ABCD）

A. 油泵与电动机   B. 过滤单元

C. 散热单元   D. 散热器

10. 防范机械故障的技术措施包括_____。（ABCD）

A. 润滑油脂   B. 固件紧固

C. 调整满足对中公差   D. 定期更换部件

11. 风力发电机组传动链一般包括_____。（ABCD）

A. 主轴   B. 齿轮箱

C. 联轴器   D. 发电机转轴

12. 下列属于弹性联轴器的是_____。（AD）

A. 膜片联轴器   B. 胀套式联轴器

C. 凸缘联轴器   D. 十字铰链联轴器

13. 机械刹车可以根据作用方式分为_____等多种形式。（ABCD）

A. 气动液压刹车   B. 电磁刹车

C. 电液刹车   D. 手动刹车

14. 制动钳由_____和_____组成。（BD）

A. 液压管   B. 制动钳体

C. 制动盘　　　　　　　　D. 制动衬块

15. 下列选项中，产生泵吸不上油或无压力的原因有_____。（ABC）

A. 原动机与泵的旋转方向不一致

B. 进出油口接反

C. 油液黏度过高

D. 油液指标超标

16. 风电机组液压系统的调试，包括_____。（ABCD）

A. 检查液压管路元件连接情况及各阀门是否处于工作预定位置

B. 液压油位故障报警状态测试

C. 检查液压泵旋转方向及液压站和管路系统压力、噪声、渗漏情况

D. 压力故障报警状态测试

17. 下列属于压力控制阀的是_____。（ABC）

A. 溢流阀　　　　　　　　B. 顺序阀

C. 压力继电器　　　　　　D. 节流阀

18. 方向控制阀包括_____。（ABC）

A. 单向阀　　　　　　　　B. 截止阀

C. 换向阀　　　　　　　　D. 顺序阀

19. 下列属于普通单向阀的用途的是_____。（ABCD）

A. 安装在液压泵出口，防止系统压力冲击影响泵的正常工作

B. 安装在多执行元件系统的不同油路之间，防止油路间因压力机流量的不同而相互干扰

C. 在系统中作背压阀用，提高执行元件的运动平稳性

65

D. 与其他液压阀如节流阀、顺序阀等组合成单向节流阀、单向顺序阀等

20. 下列属于溢流阀的作用的是＿＿＿＿。（ABC）

A. 定量泵节流调速系统中用来保持液压泵出口压力恒定

B. 将泵输出的多余油液放回油箱

C. 当系统负载达到其限定压力时，保护系统压力不再上升

D. 在系统中作背压阀用，提高执行元件的运动平稳性

21. 液压油被污染的危害会使系统工作＿＿＿＿降低，导致液压元件使用寿命缩短。（ABCD）

A. 灵敏性   B. 稳定性

C. 可靠性   D. 选择性

22. 水泵出口设有＿＿＿＿，当冷却介质压力低于设定值时，压力继电器发出低压报警信号；水泵出口设有＿＿＿＿，当系统中存在气体时，放气阀会自动排空气体。（CD）

A. 温度计   B. 水位计

C. 压力继电器   D. 放气阀

四、填空题

1. 齿轮箱传动系统是用来连接风轮和发电机的部件，作用是将风轮系统产生的机械转矩传递给发电机，包括主轴、主轴承、增速齿轮箱、联轴器。

2. 风力发电机组中齿轮箱的主要功能是将风轮产生的转矩传递给发电机，并使其得到相应的运行转速。

3. 齿轮箱的润滑常采用飞溅润滑和强制润滑。

4. 齿轮箱巡视检查时，通过齿轮箱观察窗检查齿轮啮合及齿

表面情况。

5. 常见的齿轮损坏有齿面损坏和<u>轮齿折断</u>两大类。

6. 齿轮啮合处工作表面上的剥蚀现象不得超过 <u>20%</u>。

7. 齿轮副的侧隙，可采用"压铅法"或杠杆式<u>百分表</u>进行检查。

8. 用百分表测齿轮副侧隙时，表触头应尽量位于<u>节圆处</u>。

9. 疲劳折断发生的根本原因是轮齿在过高的<u>交变应力</u>重复作用下，从危险截面的疲劳源开始产生疲劳裂纹并不断扩展，使齿轮剩余截面上的应力超过其极限应力，造成瞬时折断。

10. 齿轮齿廓形状主要由<u>模数</u>、<u>齿数</u>、压力角三个因数决定。

11. 齿轮箱的效率可通过功率损失计算或在试验中实测得到。功率损失主要包括<u>齿轮啮合</u>、<u>轴承摩擦</u>、<u>润滑油飞溅</u>、<u>搅拌损失</u>、<u>风阻损失</u>、<u>其他机件阻尼</u>等。

12. 风力发电齿轮箱的专业标准要求齿轮箱的机械效率大于 <u>97%</u>，是指在标准条件下应达到的指标。对于采用滚动轴承支承且精确制造的闭式圆柱齿轮传动，每一级传动的效率可概略定为 <u>99%</u>，一般情况下，风力发电机组齿轮箱的齿轮传动不超过<u>三级</u>。

13. 风力发电齿轮箱的噪声标准为 <u>85～100dB（A）</u>。

14. 齿轮箱的润滑方式有<u>飞溅式</u>、<u>压力强制式</u>或混合式。

15. 对齿轮进行<u>超声波探伤</u>、<u>磁粉探伤</u>和涂色探伤，以及进行必要的金相检验等，都是控制齿轮内在质量的有效措施。

16. 齿轮与轴的连接包括<u>平键连接</u>、<u>花键连接</u>、<u>过盈配合连接</u>、<u>胀紧套连接</u>。

17. 齿轮箱油温最高不应超过 80℃，不同轴承间的温差不得超过 <u>15</u>℃。

18. 齿轮箱油温低于 <u>10</u>℃时，电加热器启动；当油温上升超过 15℃时，电加热器停止工作。

19. 用振动监测方法诊断发电机轴承，根据故障类别可分为轴承内圈故障、轴承外圈故障两类。

20. 主轴安装时，主要采用胀紧套将主轴和齿轮箱连接起来。

21. 风电机组长期退出运行期间，应定期对机组传动系统进行盘车，避免传动系统中主轴及齿轮箱内部轴承、齿轮的损伤。

22. 为了清除箱底的杂质、铁屑和残留油液，齿轮箱必须用新油液进行冲洗。

23. 在所有的滚动轴承中，调心滚子轴承的承载能力最大。

24. 风力发电机轴承所用润滑要求有良好的高温性能和抗磨性能。

25. 向油箱灌油，当油液充满液压泵后，用手转动联轴器，直至泵的出油口出油并不见气泡时为止。

26. 黏度指数反映了油的黏度随温度变化的特性。

27. 风电机组制动盘通过胀紧套式联轴器或过盈配合与齿轮箱高速轴连接。

28. 风电机组至少应具备两种不同原理的能独立有效制动的制动系统。

29. 制动盘做试验磁粉探伤，检验制动盘是否有裂纹。

30. 机械制动装置按制动块的工作状态可分为常闭式和常开式两种。

31. 制动器按制动块的驱动方式可分为气动、液压、电磁等形式；按制动块的工作状态可分为常闭式和常开式两种形式。

32. 常闭式制动器靠弹簧或重力的作用经常处于制动状态，当机构运行时，则利用液压等外力使制动器松开。与此相反，常开式制动器则经常处于释放状态，只有施加外力时才能使其合闸。

33. 风电机组制动系统主要分为<u>空气动力制动</u>和<u>机械制动</u>两部分。

34. 齿轮箱油有两种作用，一种是润滑，另一种是<u>冷却</u>。

35. 通过<u>油位标尺</u>或<u>油位窗</u>检查油位及油色是否正常，发现油位偏低应及时补充。

36. 在冬季低温工况下，<u>油位开关</u>可能会因温黏度太高而动作迟缓，产生误报故障。

37. 油箱可分为总体式和<u>分离式</u>两种结构。

38. 润滑油油位低故障是由于齿轮箱或<u>润滑油管路</u>出现泄漏，使润滑油位下降，浮子开关动作停机，或因为油位传感器电路故障。

39. 润滑油泵过载多发生在<u>冬季低温气象条件下</u>。

40. 液压泵的检查原则为每年进行<u>一次</u>。

41. 需调试的液压系统必须<u>循环</u>冲洗合格。

42. 风力发电机组的液压机械闸在并网运行、开机和待风状态下，应<u>松开机械闸</u>。

43. 检查液压回路前必须开启<u>卸压手阀</u>，保证回路内无压力。

44. 液压站本体检查包括有无漏油、液压管有无<u>磨损</u>，电气接线端子有无松动。

45. 液压系统进行密封试验时，试验在连续观察的<u>6h</u>时间中自动补充压力油 2 次，每次补油时间约 2s。

46. 内泄漏是指液压元件内部有少量液体从<u>高压腔</u>泄漏到低压腔。

47. 液压系统发热的原因有两类：一类是设计不合理；另一类是系统运行中的<u>油液污染</u>。

48. 溢流阀的作用是调节、稳定或限定<u>液压系统</u>的工作压力。

49. 风力发电机组出现振动故障时，要首先检查<u>保护回路</u>，若不是误动作，应立即停止运行做进一步检查。

五、问答题

1. **风电机中齿轮箱的作用是什么？其正常的工作条件有什么要求？**

答：齿轮箱的作用是将风轮的转速增加到发电机要求的转速。正常的工作条件包括：

（1）环境温度为 $-40 \sim 50℃$，当环境温度低于 $0℃$ 时应加注防冻型润滑油。

（2）适应风力机负荷范围。

（3）适用于单向或可逆向运转。

（4）高速轴最高转速不得超过 2000r/min。

（5）外啮合渐开线圆柱齿轮的圆周速度不得超过 20m/s，内啮合渐开线圆柱齿轮的圆周速度不得超过 15m/s。

（6）工作环境应为无腐蚀环境。

2. **常见的兆瓦级风电机组齿轮箱有哪些类型？**

答：（1）一级行星和两级平行轴齿轮传动齿轮箱。

（2）两级行星和一级平行轴齿轮传动齿轮箱。

（3）内啮合齿轮分流定轴传动齿轮箱。

（4）分流差动齿轮传动齿轮箱。

（5）行星差动复合四级齿轮传动齿轮箱。

3. **简述齿轮箱油冷却与润滑系统的组成。**

答：齿轮箱油冷却与润滑系统主要由齿轮油泵、安全阀、滤芯（包括其上的旁通阀、污染发信器）、粗过滤器（50μm）、精过滤器（10μm）、温控阀、热交换器、油分配器（包括其上的数显压力继电器）、连接管路及齿轮组成。

4. 齿轮箱油冷却与润滑系统的作用是什么？

答：油冷却与润滑系统具有以下作用：在齿面上形成油膜，减少齿面的磨损，防止齿的氧化腐蚀，带走齿轮箱运行时产生的热量。

5. 叙述更换齿轮油的工作流程。

答：（1）在放油堵头下放置合适的积油容器，卸下箱体顶部的放气螺母。

（2）把油槽及凹处的残留油液吸出，或用新油进行冲洗，这样也可以把油的杂质清除干净。

（3）清洁位于放油堵头处的永磁铁。

（4）拧紧放油堵头（检查油封，堵头处受压的油封可能失效），必要时可更换油堵头。

（5）卸下连接螺栓，抬起齿轮箱盖板进行检查。

（6）将新的油液过滤后注入齿轮箱（过滤精度在 60μm 以上），必须使油液可滑到轴承并充满所有的凹槽。

（7）检查油位（油液必须加到油标的中上部）。

（8）盖上观察盖板，装上油封。

6. 齿轮箱的定期保养维护包括哪些内容？

答：主要包括下列方面：

（1）齿轮箱连接螺栓力矩检查。

（2）轮啮合及齿面磨损情况检查。

（3）传感器功能测试。

（4）润滑及散热系统功能检查。

（5）定期更换齿轮油滤清器。

（6）油样采集。

有条件时可借助有关工业检测设备对齿轮箱运行状态的振动及噪声等指标进行检测分析，以便更全面地掌握齿轮箱的工作状态。

7. 齿轮箱日常巡视项目有哪些？

答：（1）检查齿轮箱防腐漆是否有脱落、箱体是否有裂纹等损伤，检查齿轮箱弹性支撑是否有龟裂。

（2）检查齿轮箱箱体、滤芯、油分配器、润滑胶管法兰接合面及其他部位是否存在齿轮油渗漏情况。如有，应清理油迹，并记录下渗漏点，以便下次巡视时检查。

（3）检查齿轮箱油位是否正常，齿轮油色是否正常，齿轮油是否变质。

（4）在齿轮箱运转时注意倾听齿轮箱是否有异常的噪声，特别是周期性的异常响声，在润滑系统运转时注意倾听齿轮油泵声音是否正常。

（5）检查齿轮箱是否存在局部温度过高现象，特别是高速轴端。

（6）检查齿轮箱附件是否正常，包括喷油管、润滑胶管是否正常，是否有渗漏，风冷散热器是否正常，齿轮油泵及电动机是否正常，各传感器是否正常，防雷碳刷是否正常（碳刷磨损到小于 10 mm 时必须更换）。

8. 风电机组齿轮箱齿轮的主要故障包括哪些？

答：齿轮的失效类型很多，在长期运行中可能导致齿轮裂纹、断齿、齿面点蚀、齿轮磨损、齿面胶合、塑形变形等。

9. 齿轮的常见失效形式有哪些？是如何造成的？

答：齿轮失效的主要形式有断齿、磨损、点蚀、胶合。

断齿：是在齿轮传动中由于各种意外原因，一个或多个轮齿折断使齿轮失效。

磨损：齿轮传动过程中，齿面上的相对滑动会引起磨损。

点蚀：齿轮传动过程中，齿轮接触面上各点接触应力呈脉动循环变化（周期性变化），经过一段时间后，会由于接触面上金属疲劳而形成细小的疲劳裂纹，裂纹扩展造成金属剥落，形成点蚀。

胶合：当齿轮在高速、大载荷或润滑失效的情况下，两齿面直接接触形成局部高温，接触区出现较大面积粘连现象。

10. 齿轮箱轴承损坏的原因主要有哪些？

答：齿轮箱轴承在运转过程中，轴承套圈与滚动体表面之间经受交变载荷的反复作用。由于安装、润滑、维护等方面的原因而产生点蚀、裂纹、表面剥落等缺陷，使轴承失效，从而使齿轮副和箱体产生损坏。

11. 齿轮箱油温高故障如何处理？

答：（1）检查齿轮箱油温度传感器 PT100 是否损坏。

（2）检查确定齿轮箱有无损坏。

（3）检查是否温度多路变送器损坏。

（4）检查是否温度输入模块损坏。

（5）检查是否齿轮箱油温度检测回路接线松动，导致回路电阻增加，检测的等效温度增高。

（6）检查齿轮箱油冷却回路循环是否良好。

（7）检查齿轮箱油冷却风扇是否工作正常。

（8）检查冷却器是否过脏，通风道是否破裂，影响散热效果。

（9）检查温控阀调整是否合适。

12. 联轴器的作用是什么？风力发电机中常采用哪几种类型？

答：联轴器是将两轴的轴端直接连接起来以传递扭矩。风力发电机组中通常在低速轴端（主轴与齿轮箱低速轴连接处）选用刚性联轴器，一般多选用胀套式联轴器、柱销式联轴器等；在高速轴端（发电机与齿轮箱高速轴连接处）选用弹性联轴器（或万向联轴器），一般选用膜片式联轴器或十字节联轴器。

13. 连杆式联轴器的主要特性有哪些？

答：对齿轮箱和发电机轴承的保护；对齿轮箱齿部的保护；配置过载保护装置；联轴器的电绝缘。

14. 图 3-1 所示为发电机联轴器示意图，给出引线所指部分的名称，并简述刚性联轴器和弹性联轴器在主传动系统当中应用在什么部位，以及两者的主要区别是什么。

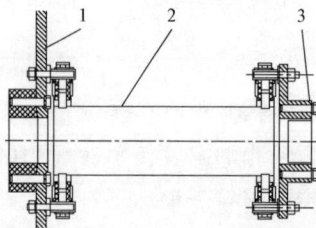

图 3-1 发电机联轴器示意图

答：图 3-1 引线所指部分的名称为：1—制动盘；2—联轴器；3—涨紧套。

应用部位：刚性联轴器用于低速轴上；弹性联轴器用于齿轮箱高速轴上。刚性联轴器将两个半轴直接接成一体，对中性比较好；弹性联轴器对所联结的两个轴相对偏移有一定的补偿量，对中时比较准。

用途：刚性联轴器是补偿偏移；弹性联轴器是吸收振动、减少振动，起到缓冲、减振作用。

15. 根据润滑剂的物质形态，润滑可分为哪几类？

答：（1）气体润滑。

（2）液体润滑。

（3）半固体润滑。

（4）固体润滑。

16. 润滑油的常规分析及监测包括哪些？

答：包括油品外观、黏度、酸值（中和值）、水分、闪点、抗乳化、抗氧化安定性和机械杂质等。

17. 风力发电机组使用的油品应当具备哪些特性？

答：（1）较少部件磨损，可靠延长齿轮及轴承寿命。

（2）降低摩擦，保证传动系统的机械效率。

（3）降低振动和噪声。

（4）减少冲击载荷对机组的影响。

（5）作为冷却散热媒体。

（6）提高部件抗腐蚀能力。

（7）带走污染物及磨损产生的铁屑。

（8）油品使用寿命较长，价格合理。

18. 不同系列的润滑油为什么不能混用？

答：不同系列的润滑油的基础油和添加剂种类是有很大区别的，至少是部分不相同。如果混用，轻则影响油的性能品质，严重时会使油品变质。特别是中、高档润滑油，往往含有各种特殊作用的添加剂，当加有不同体系添加剂的油品相混时，就会影响它的使用性能，甚至使添加剂沉淀变质。因此，不同系列的润滑油决不能混合使用，否则将会严重损坏设备。

19. 简述液压传动的基本工作原理。

答：液压传动的基本工作原理为：液压系统利用液压泵将原动机的机械能转换为液体的压力能，通过液体压力能的变化来传递能量，经过各种控制阀和管路的传递，借助于液压执行元件（液压缸或马达）把液体压力能转换为机械能，从而驱动工作机构，实现直线往复运动和回转运动。其中的液体称为工作介质，一般为矿物油，其作用与机械传动中的皮带、链条和齿轮等传动元件相类似。

20. 写出图3-2所示液压元件符号的名称。

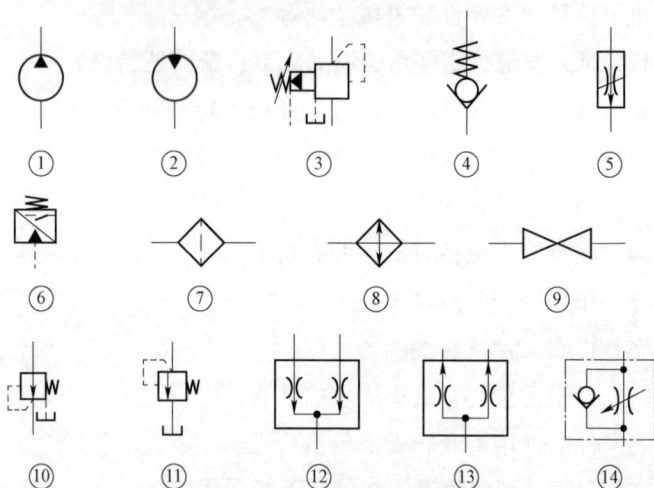

图 3-2 液压元件符号

答：① 液压泵；② 液压马达；③ 压力控制阀；④ 单向阀；⑤ 调速阀；⑥ 压力继电器；⑦ 过滤器；⑧ 冷却器；⑨ 截止阀；⑩ 减压阀；⑪ 溢流阀；⑫ 集流阀；⑬ 分流阀；⑭ 单向节流阀。

21. 液压基本回路有哪几大类？它们各自的作用是什么？

答：液压基本回路通常分为方向控制回路、压力控制回路和速度控制回路三大类。

（1）方向控制回路的作用是利用换向阀控制执行元件的启动、停机、换向及锁紧等。

（2）压力控制回路的作用是通过压力控制阀来完成系统的压力控制，实现调压、增压、减压、泄荷和顺序动作等，以满足执行元件在力或转矩及各种动作变化时对系统压力的要求。

（3）速度控制回路的作用是控制液压系统中执行元件的运动速度或速度切换。

22. 液压泵的分类和主要参数有哪些？

答：液压泵按其结构形式，分为齿轮泵、叶片泵、柱塞泵和螺杆泵；按泵的流量能否调节，分为定量泵和变量泵；按泵的输油方向能否改变，分为单向泵和双向泵。

泵的主要参数有压力、流量。

23. 何为液压系统的爬行现象？如何寻找产生爬行的原因？

答：液压传动系统中，当液压缸或液压马达低速运行时，可能产生时断时续的运动现象，这种现象称为爬行。产生爬行的原因与摩擦力特性有关，若静摩擦力与动摩擦力相等，则摩擦力没有降落特性，就不易产生爬行。因此，检查液压缸内密封件安装正确与否，对消除爬行是很重要的。爬行的产生还与转动系统的刚度有关，当油中混入空气时，油的有效体积弹性系数大大降低，系统刚度减小，就容易产生爬行。因此，必须防止空气进入液压系统，并设法排出系统中的空气。另外，供油流量不稳定、油液变质或污染等也会引起爬行现象。

24. 液压系统故障的诊断应遵循什么原则？

答：(1)首先判明液压系统的工作条件和外围环境是否正常；然后需要搞清楚到底是风力发电机组机械部分还是电气控制部

分故障，或是液压系统本身的故障。同时，查清液压系统的各种条件是否符合正常运行的要求。

（2）根据故障现象和特征确定与该故障有关的区域，逐步缩小发生故障的范围，检测区域内的元件情况，分析发生原因，最终找出具体的故障点。

（3）掌握故障种类进行综合分析，根据故障最终的现象，逐步深入找出多种直接或间接的可能原因。为避免盲目性，必须根据液压系统的基本原理进行综合分析、逻辑判断，减少怀疑对象，逐步逼近，最终找出故障部位。

（4）故障诊断是建立在风力发电机组运行记录及某些系统参数基础之上的。利用机组监控系统建立液压系统运行记录，是预防、发现和处理故障的科学依据。

（5）验证故障产生的可能原因时，一般从最可能的故障原因或最易检验的地方开始，这样可减少装拆工作量，提高检修速度。

25. 漏油是液压系统常见的故障，漏油又分为内漏和外漏两种，外漏的主要原因有哪些？该如何解决？

答：（1）管道接头处有松动或密封圈损坏，应通过拧紧接头或更换密封圈来解决。

（2）元件的接合面处有外泄漏，主要是由于紧固螺钉预紧力不够及密封环磨坏引起的，应增大预紧力或更换密封环。

（3）轴颈处由于元件壳体内压力高于油封的许用压力或是油封受损而引起外泄漏，可采取降低壳体内压力或者更换油封的方法来解决。

（4）动配合处出现外泄漏，应查找原因，及时更换油封或调节密封圈的预紧力。

（5）油箱油位计出现外漏油，应检查油位计状况，通过及时拆修油位计来解决。

六、计算题

1. 一齿轮副，主动齿轮齿数 z_1=30，从动齿轮齿数 z_2=75，试计算传动比 i_{12}。若主动齿轮转速为 n_1=1500r/min，计算从动齿轮转速 n_2。

答：传动比 $i_{12}=z_2/z_1$=2.5；

由 $i_{12}=n_1/n_2$ 得从动齿轮转速 $n_2=n_1/i_{12}=600$r/min。

2. 有一齿轮模数 m 为 4，节圆直径 D 为 400mm，求其齿数 Z。

答：已知 m=4，D=400mm，由 $D=mZ$ 得

$$Z=D/m=400/4=100$$

即齿轮齿数为 100。

3. 一对标准安装的外啮合直齿圆柱齿轮，已知齿数 z_1=54、z_2=18，模数 m=4mm，求齿轮传动比和标准中心距。

答：齿轮传动比 $i_{21}=z_1/z_2$=54/18=3 或 $i_{12}=z_2/z_1$=18/54=1/3；

标准中心距 $A=1/2\ m(z_1+z_2)$=1/2×4×(18+54)=144（mm）。

第四章

电气及控制系统

一、判断题

1. 风力发电机组的发电机的绝缘等级一般选用 E 级。(×)

2. 当风力发电机组因振动报警停机后，未查明原因前不能投入运行。(√)

3. 风力发电机在投入运行前应核对其设定参数。(√)

4. 风力发电机容量系数定义为，一段时期内实际发电的电量与在同一时期内该风力发电机组运行在额定功率时发出的电量比。(√)

5. 线路停电应先将风机停机，并切换到服务模式方可停电。(√)

6. 发电机滑环一般一年维护一次。(×)

7. 双馈异步风力发电机处于超同步运行状态时，其转子和定子绕组均输出电功率。(√)

8. 风力发电机的功率曲线是表示风力发电机的净电输出功率和轮毂高度处风速的函数关系。(√)

9. 直流母线电压的变化直接反映了发电机发出功率的变化。(√)

10. 对于确定的风力发电机组，在桨距角和风速不变时，其实际输出的轴功率取决于风力发电机组的转速。 （√）

11. 双馈发电机有两种运行状态，即次同步状态和超同步状态。 （×）

12. 异步发电机额定转差值越大，表明其抗风扰动的能力越强。 （√）

13. 双馈异步发电机转子旋转速度低于同步转速时，转子通过变频器向电网输出有功功率；反之，则表明吸收有功功率。 （×）

14. 同步发电机在运行时，既能输出有功功率，又能提供无功功率，且频率稳定，电能质量高。 （√）

15. 当出现雷击电压时，避雷装置工作，其对地点释放电压时，内部电阻相对变小，以把高压释放至地面。 （√）

16. 电磁线圈检查在电源电压线圈额定电压的 85%～120% 时应可靠动作，若电源电压低于线圈额定电压的 50%，应可靠释放。 （×）

17. 继电器触头磨损深度不得超过 1mm，接触器触头磨损深度不得超过 1.5mm。 （×）

18. 一般来说，当网侧电压上升时，需要网侧模块提供容性无功功率；而当网侧电压下降时，则需要提供感性无功功率。 （×）

19. 风电机接地电阻每年检测一次。 （√）

20. 风电场的低电压穿越功能主要由所选用机组的运行特性决定，在风电场安排的动态无功补偿装置也会起到一定的作用。 （√）

21. 即使断开变桨变频器供电电源，轴箱变流器的某些部件仍然带有可持续几分钟的危险电压。因此在检查前需核实供电电源是否供电，以及轴柜箱内相关带电部件的电压。　　（√）

22. 变频器散热风扇功率大，系统维护时不需要清理散热孔滤网。　　　　　　　　　　　　　　　　　　　（×）

23. 变频器故障，将会导致变桨距功能的不可使用和控制。
　　　　　　　　　　　　　　　　　　　　　　　　（√）

24. 双馈风力发电机组的发电机控制系统采用全功率变流器。　　　　　　　　　　　　　　　　　　　　　（×）

25. 变流器的散热风扇质量稳定，无须维护。　　（×）

26. 变桨变流器的直流母线充电电容器性能稳定，无须检测更换。　　　　　　　　　　　　　　　　　　　　（×）

27. 变速恒频风电机组可以通过对最佳叶尖速比的跟踪，使风力发电机组在额定风速以内获得最佳的功率输出。　（√）

28. SCADA 数据反映了风机 PLC 所有运行的参数。（×）

29. 检查滤波电容器时切断供电电源即可马上测量。（×）

30. 检查滤波电容器时先目视电容是否有隆起或外表损坏。
　　　　　　　　　　　　　　　　　　　　　　　　（√）

31. 断路器必须根据制造商的规定最少每六个月进行保养一次，应由受过特殊培训和具有资质的人员对所有金属组件进行常规检查。　　　　　　　　　　　　　　　　　　（√）

32. 接地的种类，除防雷接地外，还有交流工作接地、保护接地、直流接地、过电压保护接地、防静电接地、屏蔽接地等。
　　　　　　　　　　　　　　　　　　　　　　　　（√）

33. 风电并网引起的电压波动和闪变是由于其输出功率波动造成的。　　　　　　　　　　　　　　　　　　　　（√）

34. 每次维护检查时，无须检查中控箱内的电涌保护器模块。　　　　　　　　　　　　　　　　（×）

35. 控制系统的接地总电阻不应该超过 6Ω。　　（×）

36. 紧急停机程序和紧停按钮关机程序都是由安全系统触发的，控制器将保持在紧急停机状态，直到整条安全链被复位为止。　　　　　　　　　　　　　　　　（√）

37. 安全系统是独立于风机正常控制系统外的状态监控系统。　　　　　　　　　　　　　　（√）

38. 变速变桨型机组在高风速时，通过改变桨距角来控制功率输出。　　　　　　　　　　　　（√）

39. 风力发电机的风轮不必有防雷措施。　　（×）

二、单选题

1. 感应发电机的转速比定子旋转磁场速度_____。（D）

A. 相同　　　　　　　　　　B. 稍低

C. 两者没有关系　　　　　　D. 稍高

2. 同步发电机运行的频率与其所连的电网频率_____，异步发电机运行时的频率比电网频率_____。（C）

A. 相同，稍低　　　　　　　B. 稍高，稍低

C. 相同，稍高　　　　　　　D. 稍低，稍高

3. 发电机水冷系统维护中，对封闭冷却循环的机器一般是在_____后清洗。（D）

A. 1 年　　　　　　　　　　B. 2 年

C. 3 年　　　　　　　　　　D. 5 年

4. 发电机的绝缘电阻定义为绝缘对于_____的电阻。（A）

A. 直流电压 B. 交流电压

C. 直流电流 D. 交流电流

5. 定子接触器主要作为_____。（A）

A. 发电机定子连接电网

B. 发电机转子连接电网

C. 发电机连接功率变频器

D. 预充电作用

6. 通常异步发电机转差率为_____时，输出功率达到最大值。（B）

A. −0.02～−0.05 B. −0.03～−0.05

C. 0.02～0.05 D. 0.03～0.05

7. 发电机失磁后，机组转速_____。（A）

A. 升高 B. 降低

C. 不变 D. 以上都不对

8. Y接法的三相异步电动机，在空载运行时，若定子一相绕组突然断路，则电动机_____。（B）

A. 必然会停止转动 B. 有可能连续运行

C. 肯定会继续运行 D. 以上都不可能

9. 钳型电流表使用时，应先用_____。（A）

A. 较大量程 B. 较小量程

C. 最小量程 D. 空量程

10. 一台发电机，发出有功功率为 80MW，无功功率为 60Mvar，它发出的视在功率为_____MVA。（C）

A. 120 B. 117.5

C. 100 D. 90

11. 发电机带纯感性负荷运行时，电压与电流的相位差等

于　　　。（D）

    A. 180°
    B. 90°

    C. 0°
    D. 270°

12. 当发电机转速恒定时，　　　损耗也是恒定的。（B）

    A. 介质
    B. 机械

    C. 电磁
    D. 杂散

13. 确定发电机正常运行时的允许温升与该发电机的冷却方式、　　　和冷却介质有关。（C）

    A. 负荷大小
    B. 工作条件

    C. 绝缘等级
    D. 运行寿命

14. 永磁直驱型风力发电机的磁铁采用　　　材料。（C）

    A. 铁氧体
    B. 铝镍钴

    C. 钕铁硼
    D. 坡莫合金

15. 不同厂家发电机在电气方面的主要区别为　　　不同。（D）

    A. 最大电流
    B. 最大电压

    C. 最大功率
    D. 开口电压

16. 风力发电机组的发电机的绝缘等级一般选用　　　。（D）

    A. C级
    B. D级

    C. E级
    D. F级

17. 双馈异步发电机在超同步运行状态下，转差率 S　　　。（B）

    A. >0
    B. <0

    C. $=0$
    D. $0<S<1$

18. 双馈异步发电机的转差率 S（其中 n_s 为同步转速，n 为发电机转子转速）为　　　。（A）

A. $S = \dfrac{n_s - n}{n_s}$ B. $S = \dfrac{n - n_s}{n_s}$

C. $S = \dfrac{n_s - n}{n}$ D. $S = \dfrac{n - n_s}{n}$

19. 风力发电机 690V 出口电压波动应在_____范围内。（C）

A. ±2%   B. ±5%

C. ±10%   D. ±15%

20. 双馈感应电动机通过改变电源的_____来调速。（C）

A. 相序   B. 相位

C. 频率   D. 幅值

21. 对风电机组并网过程加以控制的任务是_____。（C）

A. 限制变流器直流母线电压

B. 实现低电压穿越

C. 限制发电机在并网时的瞬变电流

D. 限制发电机在并网时的转速

22. 风力发电机组在并网调试前，首先应检查回路_____。（D）

A. 电压   B. 电流

C. 相位   D. 相序

23. 双馈异步发电机只处理_____就可以控制发电机的力矩和无功功率，降低了变频器的造价。（A）

A. 转差能量   B. 一半能量

C. 全部能量   D. 有功能量

24. 三相交流电动机的启动电流呈_____特性。（D）

A. 非线性增长   B. 线性增长

C. 正时限   D. 反时限

25. 拆卸变频器单板时，人员应穿戴_____。（A）

A. 防静电手环　　　　　　B. 安全帽

C. 化纤衣服　　　　　　　D. 防辐射服

26. 对于水冷变频器，更换变频器水管时，应先_____。（A）

A. 打开泄压阀　　　　　　B. 维持压力状态

C. 增加水路压力　　　　　D. 随意拆卸

27. 变频器按照主电路工作方式分类，可以分为_____变频器。（A）

A. 电压型、电流型　　　　B. 电压型、电感型

C. 电流型、电感型　　　　D. 电压型、电容型

28. 风机变频器通常采用_____调制方式。（C）

A. PMSM　　　　　　　　B. DDPMG

C. PWM　　　　　　　　　D. IGBT

29. 下列不属于变速恒频风电机组变流器控制功能的是_____。（C）

A. 输出功率控制　　　　　B. 发电机转矩控制

C. 变桨距控制　　　　　　D. 低电压穿越控制

30. 对风电机组实现变速恒频控制的是_____。（C）

A. 变桨距系统　　　　　　B. 偏航系统

C. 变流器系统　　　　　　D. SCADA 系统

31. 检测叶片接闪器到叶片根部法兰之间的直流电阻，每点应测 3 次并取平均值，电阻值不应大于_____。（C）

A. 0.01Ω　　　　　　　　B. 0.02Ω

C. 0.05Ω　　　　　　　　D. 0.1Ω

32. 机组基础的接地设计符合 IEC 61204-1 或 GB 50057 的规定，采用环形接地体，包围面积的平均半径不小于_____，单台机组的接地电阻不大于_____。（C）

A. 5m，4Ω   B. 5m，2Ω

C. 10m，4Ω   D. 10m，2Ω

33. 测量接地电阻时接地电阻棒插入土壤的深度应不小于_____。（C）

A. 0.4m   B. 0.5m

C. 0.6m   D. 0.7m

34. 三相交流母线的黄色表示_____。（A）

A. A（U）   B. B（V）

C. C（W）   D. N（地）

35. 实现风电机组低电压穿越，首先要解决的问题是_____。（C）

A. 提供无功支撑

B. 使电网电压尽快恢复

C. 及时释放发电机侧堆积的能量

D. 使风电机组快速脱网

36. Crowbar 电路在直流母排电压_____到一定限值时启动。（A）

A. 升高   B. 降低

C. 等于   D. 小于或等于

37. 当电网因各种原因出现瞬时的、一定幅度的电压降落时，风力发电机组能够不停机维持正常工作的能力称为_____。（A）

A. 低电压穿越能力   B. 电网穿越能力

C. 低电压稳定能力   D. 电网稳定能力

38. 风电场接入电力系统后，并网点电压的正负偏差的绝对值之和不超过额定电压的_____。（C）

A. 5%   B. 8%

C. 10%　　　　　　　　D. 12%

39. 在电压跌落时，风电机组必须发出_____来支撑电压。（A）

　　A. 无功功率　　　　　B. 有功功率

　　C. 视在功率　　　　　D. 有功电流

40. 欧姆表改换量程时，需要进行_____调零。（A）

　　A. 欧姆　　　　　　　B. 机械

　　C. 自动　　　　　　　D. 手动

41. 风电场无功动态调整的响应速度应与风电机组高电压耐受能力相匹配，确保在调节过程中风电机组不因_____而脱网。（A）

　　A. 高电压　　　　　　B. 低电压

　　C. 高电流　　　　　　D. 低电流

42. IGBT 又叫_____。（C）

　　A. 单极场效应管　　　B. 晶闸管

　　C. 绝缘栅双极晶体管　D. COMS 管

43. 电容器的耐压值是指加在其上电压的_____。（C）

　　A. 平均值　　　　　　B. 有效值

　　C. 最大值　　　　　　D. 瞬时值

44. 衡量电能质量的两个主要指标是_____。（A）

　　A. 电压和频率　　　　B. 电压和电流

　　C. 电流和功率　　　　D. 电压和波形

45. 两个相同的电阻串联时的总电阻是并联时总电阻的_____。（C）

　　A. 1 倍　　　　　　　B. 2 倍

　　C. 4 倍　　　　　　　D. 8 倍

46. 电容器中储存的能量是_____。（D）

A. 磁场能　　　　　　　　B. 机械能

C. 热能　　　　　　　　　D. 电场能

47. 三相对称负载星型接时，线电压的最大值是相电压有效值的_____倍。（C）

A. 3　　　　　　　　　　　B. 1

C. $\sqrt{3}$　　　　　　　　　　D. $1/\sqrt{3}$

48. 交流电正弦量的三要素指的是_____。（C）

A. 电压、电流、电阻　　　B. 电压、频率、相序

C. 幅值、频率、初相位　　D. 幅值、频率、相序

49. 绝缘体的电阻随着温度的升高而_____。（B）

A. 增大　　　　　　　　　B. 减小

C. 增大或减小　　　　　　D. 不变

50. 测量仪的准确度等级若是 0.5 级，则该仪表的基本误差是_____。（C）

A. ＋0.5%　　　　　　　　B. －0.5%

C. ±0.5%　　　　　　　　D. ±0.25%

51. 伺服电动机采用_____控制方式。（D）

A. 积分　　　　　　　　　B. 模糊

C. 开环　　　　　　　　　D. 闭环

52. 变压器铭牌上的额定功率是指_____功率。（C）

A. 有功　　　　　　　　　B. 无功

C. 视在　　　　　　　　　D. 最大

53. 在三相交流电路中，所谓三相负载对称是指_____。（C）

A. 各相阻抗值相等

B. 各相阻抗值不等

C. 电阻相等，电抗相等，电抗性质相同

D. 阻抗角相等

54. 一般电气设备铭牌上的电压和电流的数值是_____。（C）

A. 瞬时值　　　　　　　　B. 最大值

C. 有效值　　　　　　　　D. 平均值

55. 交流电路中常用 P、Q、S 表示有功功率、无功功率、视在功率，而功率因数是指_____。（B）

A. Q/P　　　　　　　　B. P/S

C. Q/S　　　　　　　　D. P/Q

56. 风力发电中温度传感器大多采用 PT100，在 0℃时其阻值为 100Ω，温度每升高 1℃时阻值增加_____Ω。（B）

A. 0.23　　　　　　　　B. 0.385

C. 0.2　　　　　　　　　D. 1

57. 风力发电机组低电压穿越过程中，不参与动作的是_____。（A）

A. 偏航系统　　　　　　　B. 变桨系统

C. 主控系统　　　　　　　D. 变流系统

58. 用绝缘电阻表进行测量时，应将被测绝缘电阻接在绝缘电阻表的_____。（A）

A. L 端和 E 端　　　　　　B. L 端和 G 端

C. E 端和 C 端　　　　　　D. 任意两端皆可

59. 直驱式风力发电机组采用_____。（D）

A. 普通异步发电机　　　　B. 普通同步发电机

C. 双馈异步发电机　　　　D. 同步多级发电机

60. 风力发电机电源线上，并联电容器组的目的是_____。

（C）

A. 减少无功功率　　　　　B. 减少有功功率

C. 提高功率因数　　　　　D. 提高有功功率

61. 下列分类方式中，不属于电磁阀的分类的是＿＿＿。（A）

A. 直动式　　　　　　　　B. 主动式

C. 分布直动式　　　　　　D. 先导式

62. ＿＿＿系统能确保风力发电机组在设计范围内正常工作。
（B）

A. 功率输出　　　　　　　B. 保护

C. 操作　　　　　　　　　D. 控制

63. 主控制柜 UPS 失效时，容易出现的现象是＿＿＿。（C）

A. PLC 死机　　　　　　　B. 自动偏航

C. PLC 信号丢失　　　　　D. 自动解缆

64. 轮毂转速测量值超速至额定转速的＿＿＿时,触发安全链
动作。（A）

A. 1.25 倍　　　　　　　　B. 2 倍

C. 2.5 倍　　　　　　　　　D. 3 倍

65. 接受风力发电机或其他环境信息，调节风力发电机使其
保持在工作要求范围内的系统称为＿＿＿。（C）

A. 定桨距系统　　　　　　B. 保护系统

C. 控制系统　　　　　　　D. 液压系统

66. 关机全过程都是在控制系统下进行的是＿＿＿。（A）

A. 正常关机　　　　　　　B. 紧急关机

C. 特殊关机　　　　　　　D. 故障关机

67. 风电机组控制系统不能够监测到的发电机数据为＿＿＿。
（D）

A. 发电机温度　　　　　　B. 转速

C. 轴承温度　　　　　　D. 绝缘等级

68. 中央控制系统不具有的功能为_____。（B）

A. 统计值监测　　　　　B. 紧急停机

C. 数据存储　　　　　　D. 远程控制

69. 风机叶尖速比是升力型风机的重要指标，_____风机叶尖速比最大。（A）

A. 单叶片　　　　　　　B. 两叶片

C. 三叶片　　　　　　　D. 五叶片

70. 现场离网调试时，机组的上电顺序为_____。（A）

A. 水冷系统→主控系统→变流系统→机舱部分→变桨系统

B. 主控系统→变流系统→水冷系统→机舱部分→变桨系统

C. 水冷系统→变流系统→主控系统→机舱部分→变桨系统

D. 变桨系统→机舱部分→变流系统→主控系统→水冷系统

71. 现场离网调试结束时，机组的断电顺序为_____。（D）

A. 水冷系统→主控系统→变流系统→机舱部分→变桨系统

B. 主控系统→变流系统→水冷系统→机舱部分→变桨系统

C. 水冷系统→变流系统→主控系统→机舱部分→变桨系统

D. 变桨系统→机舱部分→变流系统→主控系统→水冷系统

三、多选题

1. 双馈异步风力发电机按风速不同具有三种运行状态，即_____。（ABC）

A. 亚同步　　　　　　　B. 超同步

C. 同步　　　　　　　　D. 偏航状态

2. 下列原因中,产生发电机三相电流不平衡故障的可能原因有_____。(ABCD)

  A. 主控检测失误   B. 变频器引起

  C. 发电机引起   D. 电网原因

3. 造成风力发电机组绕组绝缘电阻低的可能原因有_____。(ABC)

  A. 发电机温度过高

  B. 机械性损伤

  C. 灰尘、导电微粒或其他污染物污染侵蚀发电机绕组

  D. 发电机过速

4. 下列选项中,可能会导致发电机绕组断路、短路接地的原因有_____。(BCD)

  A. 轴承磨损

  B. 电缆绝缘破损

  C. 绕组机械性拉断、损伤

  D. 匝间短路

5. 发电机绕组温度过高的原因是_____。(ABC)

  A. 发电机过载   B. 冷却介质温度过高

  C. 温度传感器故障   D. 集电环短路

6. 发电机集电环故障原因包括集电环绝缘破损和_____。(ABCD)

  A. 碳粉积聚过多   B. 集电环相间短路

  C. 碳刷耗尽后未及时更换 D. 集电环表面磨损

7. 水冷发电机防冻液的作用是_____。(ABCD)

  A. 提高沸点   B. 降低冰点

  C. 抑制气泡   D. 防腐蚀

8. 下列原因中,变频器报"转子过流"的可能原因有_____。
（ABC）

　A. 变频器本身的原因引起

　B. 导电轨的问题引起

　C. 发电机本身问题引起

　D. 主控 PLC 引起

9. 带有 Chooper 电路的变频器,出现 Chooper 故障的可能原因有_____。（ABCD）

　A. Chooper 电路无法驱动,不能进行放电

　B. Chooper 电路 IGBT 烧毁,不能进行放电

　C. Chooper 电路处于常导通状态,无法为母线充电

　D. 预充电回路故障

10. 下列属于变频器软启回路的是_____。（AB）

　A. 预充电接触器　　　　　　B. 预充电电阻

　C. Crowbar　　　　　　　　D. 电流互感器

11. 变频器配电柜主要用于满足用户配电需求,实现与主控制器和后台的通信功能,完成控制电路和执行元件间的_____。（ABC）

　A. 信号调理与隔离　　　　　B. 信号驱动

　C. 信号反馈　　　　　　　　D. 信号放大

12. 机侧变频器实现的功能有_____。（ABCD）

　A. 发电机扭矩控制　　　　　B. 发电机速度检测

　C. 发电机定子电压控制　　　D. 功率因数控制

13. 双馈发电机通过变频器调整转子中励磁电流的_____来控制定子电压恒为 690V。（AD）

　A. 大小　　　　　　　　　　B. 相序

C. 相位 D. 频率

14. 下列选项中，导致变流器过流的原因有_____。（BCD）

A. 变流器温度低 B. 负载突然增加

C. 主电路有短路 D. 参数设置与负载不相符

15. 针对风电机组变流器过电压故障，下列叙述正确的是_____。（ABC）

A. 变流器的过电压集中表现在直流母线的支流电压上

B. 正常情况下，变流器直流电为三相全波整流后的平均值

C. 在过电压发生时，直流母线的储能电容将被充电，当电压上升超过正常工作电压范围时，变流器过电压保护动作

D. 变流器过电压故障常在负载较重或发电机实际转速比同步转速还高时发生

16. 下列选项中，导致相电压过高、过低的原因有_____。（ABC）

A. 电网故障

B. 场区输变线路故障

C. 风机电压检测回路故障

D. 负载的暂态特性

17. 绝缘电阻测试仪主要由_____组成。（ABD）

A. 直流高压发生器 B. 测量回路

C. 绝缘部分 D. 显示部分

18. 直驱风力发电机转子的主要组成部分包括_____。（BCD）

A. 铁芯 B. 转子轴

C. 转子体 D. 永磁体

19. 风力发电机回转体的主要组成部分包括_____。（BCD）

A. 齿轮　　　　　　　　　B. 回转圈

C. 轴承　　　　　　　　　D. 固定套

20. 异步发电机可分为＿＿＿＿＿。（CD）

A. 感应型　　　　　　　　B. 回转型

C. 笼型　　　　　　　　　D. 绕线型

21. 交流接触器的电磁系统包括＿＿＿＿＿。（ABD）

A. 吸引线圈　　　　　　　B. 动铁芯

C. 主触头　　　　　　　　D. 静铁芯

22. 风电场并网点电能质量指标包括＿＿＿＿＿。（ABCD）

A. 电压波动　　　　　　　B. 电压闪变

C. 谐波　　　　　　　　　D. 三相电压不平衡

23. 双馈异步发电机定子电压与电网电压满足下列＿＿＿＿＿条件时，达到并网要求。（ABC）

A. 同频　　　　　　　　　B. 同相

C. 同幅　　　　　　　　　D. 都不一样

24. 发电机转子的组成部分包括＿＿＿＿＿。（ABCD）

A. 转子铁芯　　　　　　　B. 转子绕组

C. 集电环　　　　　　　　D. 转子轴

25. 风力发电机组的保护功能有＿＿＿＿＿。（ABD）

A. 过电流保护　　　　　　B. 大风保护

C. 小风保护　　　　　　　D. 超速保护

26. 下列关于发电机绝缘电阻的说法，正确的是＿＿＿＿＿。（ABD）

A. 发电机的绝缘电阻定义为绝缘对于直流电压的电阻

B. 绕组绝缘电阻的变化情况可以反映绕组的吸潮情况及表面灰尘积聚程度的信息

C. 测量发电机绝缘电阻是把一个直流电压加在绕组被测部分与接地的机壳之间，绕组其他不测量部分不需接地，对于 690V 及以下发电机，应使用 500V 绝缘电阻表

D. 按照经验，温度每增加 12℃，绝缘电阻值约降一半，反之亦然

27. 风机出现线路电压故障的原因有_____。（ABCD）

A. 箱式变压器低压熔丝熔断

B. 箱式变压器高压负荷开关跳闸

C. 风机所接线路跳闸

D. 风场变电站失电

28. 关于双馈变速恒频风电机组发电原理，正确的是_____。（ABC）

A. 采用的发电机为转子双馈发电机，定子绕组与电网直接连接，转子绕组通过变频器供以频率、幅值、相位和相序都可以改变的三相励磁电流

B. 双馈变速恒频风电机组能够实现功率的双向流动

C. 该方式需要的变频器容量较小，能实现有功和无功控制

D. 该方式可以使风机保持最佳叶尖速比，使风能利用系数在整个运行范围内都处于最大值

29. 转子侧功率模块的控制目标为_____。（ABC）

A. 控制发电机输出转矩

B. 控制定子输出无功功率

C. 变速恒频控制

D. 控制网侧无功功率

30. 电力系统过电压包括_____。（ABCD）

A. 大气过电压　　　　　　B. 工频过电压

C. 谐振过电压   D. 操作过电压

31. 电力系统要求继电保护具有可靠性及_____。（ABD）

A. 通用性   B. 快速性

C. 灵敏性   D. 选择性

32. 钳形电流表主要由_____组成。（AC）

A. 电流互感器   B. 电压互感器

C. 电流表   D. 电压表

33. 常用开关的灭弧介质有_____。（ABCD）

A. 真空   B. 空气

C. 六氟化硫气体   D. 绝缘油

34. 关机全过程不是在控制系统下进行的是_____。（BCD）

A. 正常关机   B. 紧急关机

C. 特殊关机   D. 故障关机

35. 风电机组中的传感器大致包括_____。（ABCD）

A. 温度传感器

B. 压力传感器

C. 振动传感器或加速度传感器

D. 转速传感器

36. 来自电网的网侧谐波对风电设备产生危害的部件有_____。（AB）

A. 发电机   B. 变频器

C. 发电机编码器   D. 变桨电动机

37. 关于电滑环及线路的维护，下列说法正确的是_____。（ABC）

A. 定期检查滑环线路并固定

B. 定期清洗滑环滑道

C. 定期检查滑环的固定是否牢固

D. 滑环免维护

38. 下列属于安全链节点信号的是＿＿＿。（ABC）

A. 超速开关　　　　　　B. 变桨限位开关

C. 扭缆限位开关　　　　D. 齿轮箱压力开关

39. 风电机组控制系统的额定电压包括＿＿＿。（CD）

A. 3V　　　　　　　　　B. 6V

C. 12V　　　　　　　　D. 24V

40. 调试阶段，安全链测试包括＿＿＿。（ABCD）

A. 急停按钮触发测试　　B. 扭缆保护测试

C. 超速保护测试　　　　D. 变桨保护测试

41. 风电机组中触发安全链的因素有＿＿＿。（ABCD）

A. 紧急停止按钮　　　　B. 超速控制传感器

C. 振动传感器　　　　　D. 叶片工作位置开关

四、填空题

1. 根据双馈异步发电机转子转速的变化，双馈异步发电机可以有三种运行状态，即亚同步状态、超同步状态、同步运行状态。

2. 定子电压等于电网电压。转子电压与转差率及堵转电压成正比，堵转电压取决于定转子的匝数比。

3. 当发电机以同步转速转动时，转差率为零，这就意味着转子的电压为零。

4. 双馈异步发电机只处理转差能量就可以控制发电机的力矩和无功功率，降低了变频器的造价。

5. 风力发电机组转速的测量点有两个,即发电机转速和风轮转速。

6. 变速恒频风力发电机组主要有永磁同步式和双馈异步式两种。

7. 在风力发电机中,已采用的发电机类型有三种,分别为直流发电机、同步发电机和异步发电机。

8. 直驱型风力发电机组的发电机分为外转子和内转子两种形式。

9. 在机组正常运行时,维护人员应每个月打开发电机尾部的滑环室一次。

10. 操作刀开关和电气分合开关时,必须戴绝缘手套,并要设专门人员监护。

11. 每半年清洁滑环室一次,清洁后应测量绝缘电阻。

12. 低压电器的金属外壳或金属支架必须接地。

13. 变压器是依据电磁感应原理,把一种交流电的电压和电流变为频率相同但数值不同的电压和电流。

14. 用1000V绝缘电阻表测量发电机定子绕组对地的冷态绝缘电阻不应低于50MΩ。

15. 绝缘体的电阻随着温度的升高而减小。

16. 用绝缘电阻表每次测量完设备绝缘后,应将绝缘电阻表两引线短接放电。

17. 若蓄电池使用的温度低于−10℃,先将电池在室温下搁置16h以上,这样做是为了使电池温度充分回升。尤其对大型电池,搁置时间必须足够长,才能保证电池温度回升且电池内部温度均匀。

18. 风电机组超速保护软件和硬件应分开设计,软件超速保护源于程序计算,硬件超速保护独立串联于风电机组安全链中。

19. 绝缘电阻表上有三个接线柱,"L"表示火线接线柱,"E"表示地线接线柱,"G"表示屏蔽线接线柱。

20. 由于塔影效应等因素造成风力发电机组功率波动频繁,从而引起机组接入点电压波动和闪边。

21. 接地电阻值应不大于设计要求,若无特殊规定,单台风力发电机组的接地电阻值应不大于4Ω。

22. 万用表可分为指针式万用表和数字式万用表。

23. 在测量电阻前,待测电路必须完全放电。

24. 万用表量程选择应尽量使指针偏转到满刻度的 2/3 左右。

25. 避雷、接地系统检查内容包括避雷器、旋转导电单元和接地引下线。

26. 测风装置检查时,检查记录仪是否使用外部电源工作,短时间断开外部电源,观察记录仪内部电池的工作电压变化情况。

27. 做耐电压试验时,试验电压的频率为工频,电压波形应尽可能接近正弦波形。

28. 雷击过后至少1h才可以接近风力发电机组。

29. 叶片或风轮吊装前,应检查并确保叶片排水孔通畅,叶片引雷线与叶片根部法兰连接良好,叶片接闪器与叶片根部引雷线阻值不大于0.05Ω,轮毂与主轴连接面和螺纹孔清理干净。

30. 蓄电池充电状态分为浮充和均充。

31. 发电机滑环由三个绝缘滑环和一个没有绝缘的轴接地滑

环组成。

32. 更换超速模块或超速继电器时应进行检验，确认定值正确。

33. 修磨发电机滑环时，应注意不要超过用户手册要求的滑环最小直径。

34. 风力发电机组主要有三种控制方式，即定桨失速控制、变速恒频控制和全桨变距有限变速控制。

35. 风电场 SCADA（supervisory control and data acquisition）是指数据采集与监控系统。

36. 当安全链被触发时，变桨机构作为空气动力制动装置把叶片转回到停机位置。

37. 安全链触发引起的紧急停机，只能通过手动复位才能重新启动。

38. 当转速传感器检测发电机或风轮转速超过额定转速110%时，控制器将给出正常停机指令。

39. 机组投入运行时，严禁将控制回路信号短接和屏蔽，禁止将回路的接地线拆除，未经授权，严禁修改机组设备参数及保护定值。

40. 控制系统的执行机构主要是指液压系统和偏航系统。

41. 三叶片的变桨距风电机组叶尖速比在 6～8 之间。

五、问答题

1. 双馈型与永磁直驱型风电机组在传动机构和变流器方面各自的优势是什么？

答：传动机构方面：永磁直驱型风电机组取消了"齿轮箱"

机构，采用叶轮与发电机直接连接，降低了机组故障率，提升了传动效率。

变流器方面：如果两种类型机组输出功率相同，则双馈型风电机组中变流器容量只需达到永磁直驱型风电机组变流器的20%～30%，降低了机组能耗和电气系统故障率。

2. 风力发电包括哪两种发电系统？各自特点是什么？

答：风力发电系统分为定速恒频发电系统（CSCF）和变速恒频发电系统（VSCF）。

（1）定速恒频发电系统：在风力发电过程中保持发电机的转速不变，从而得到与电网频率一致的恒频电能。定速恒频发电系统一般来说比较简单，所采用的发电机主要是同步发电机和笼式感应发电机，前者运行由发电机极数和频率所决定的同步转速确定，后者则以稍高于同步转速的速度运行。

（2）变速恒频发电系统：保持发电机转速可随风变化，通过其他控制方式得到恒频电能。这样，风轮的转速就可以随风速的变化而变化，并使其保持在一个恒定的最佳叶尖速比，使风能利用系数在额定风速以下的整个运行范围内都处于最大值，从而可比定速运行获得更多的能量。

3. 造成发电机振动、噪声大的可能原因有哪些？

答：传动链（包括与发电机相连的变速箱齿轮、联轴器）振动不平衡，发电机转子笼条有断裂、开焊、假焊或锁孔，发电机轴径不圆、轴弯曲、变形，齿轮箱－发电机系统轴未对中，发电机与基座安装不牢固或有共振，发电机轴承故障等。

4. 造成发电机轴承过热、失效的可能原因有哪些？

答：润滑脂不符合要求，润滑脂过多或过少；有异物进入滚道；轴承过度磨损，轴或轴承套变形；齿轮箱－发电机系统轴线未对中，发电机承受额外的轴向力、径向力；轴承电蚀；轴的热膨胀不能释放；轴承跑圈等。

5. 发电机轴承温度突然快速升高，但未超过允许值，系统没有报警，原因有哪些？

答：加油过多或过少，油质不纯、变质，轴承径向游隙太小，轴承窜油、轴承质量不良，油封摩擦，以及内部不干净等。

6. 变流器常见故障类型及处理方法是什么？

答：（1）参数设置类故障。一旦发生了参数设置类故障后，变流器不能正常运行，一般可根据说明书进行修改参数。如果以上修改不成功，可将所有参数恢复出厂值，然后按照用户使用手册上规定的步骤重新设置。

（2）变流器过电压故障。包括两种：一种是输入交流电源过电压，这种情况是指输入电压超过正常范围，一般发生在负载较轻、电压升高或线路出现故障而降低，此时应断开电源，检查、处理；另一种是发电类过电压，主要是发电机的实际转速比同步转速还高，变流器引起故障。

（3）变流器过电流故障。此类故障可能是由于变流器的负载发生突变、负荷分配不均、输出短路等原因引起的，可通过减少负荷的突变、进行负荷分配设计、对线路进行检查来避免。如果断开负载变流器还是过电流故障，说明变流器逆变电路已损坏，需要更换变流器。

（4）变流器过载故障。过载故障包括变流器过载和发电机过载，可能是电网电压太低、负载过重等原因引起的。应检查电网电压、负载等，如果所选的变流器不能拖动该负载，应重新调定设置值或更换大的变流器。

（5）变流器其他故障。变流器欠电压，说明变流器电源输入部分有问题，应检查后才可以运行；变流器温度过高，如果发电机有温度检测装置，应检查发电机的散热情况，并检查变流器的通风情况或水冷却系统。

7. 变速恒频风力发电系统中变流器的作用是什么?

答：通过对变流器的控制可改变发电机转速，调节输出功率；同时使输出电能的频率恒定，实现风电机组的变速恒频运行。

8. 简述直驱风电机组变流系统的作用及注意事项。

答：由发电机发出的交流电，其电压和频率都很不稳定，随叶轮转速的变化而变化，经过整流单元整流，变换成直流电，再经过斩波升压，使电压升高到±600V，送到直流母排上；再通过逆变单元，把直流电逆变成能够与电网相匹配的形式送入电网。

需要注意的事项如下：

（1）在闭合主断路器之前，需要给直流母排进行预充电。因为直流母排上带有大容量电容器，若不预充电，则在闭合主断路器时会对系统造成很大的电流冲击。

（2）放电电路是在停机后用来给直流母排放电的，其实就是给连在直流母排上的电容器泄放电荷。

（3）当直流母线上的电压过高时，制动单元工作，释放直流母线上过多的能量，维持母线电压。

9. 简述风电机组防雷系统的检查周期及内容。

答：风电机组防雷系统的检查周期是三个月。检查内容为：

（1）主轴导雷碳刷及偏航导雷滑环是否接触良好、是否磨损严重。

（2）轮毂至塔底导雷通道连接是否良好，是否有锈蚀现象，控制柜、设备本体等接地引线、等电位母排是否松动。

（3）各塔架间连接线是否松动。

（4）塔底接地引下线与基础接地网焊接点有无腐蚀或裂纹现象等，发现脱焊、松动、严重锈蚀等情况应及时修复。

10. 继电器和接触器在运行中的检查内容有哪些？

答：（1）通过的负载电流是否在额定值之内。

（2）继电器和接触器的分、合信号指示是否与电路状态相符。

（3）接触器灭弧室内是否有因接触不良而发出放电响声，灭弧罩有无松动和裂损现象。

（4）电磁线圈有无过热现象，电磁铁上的短路环有无脱出和损伤现象。

（5）继电器和接触器与导线的连接处有无过热现象，通过颜色变化可以发现。

（6）接触器辅助触头有无烧蚀现象。

（7）绝缘杆有无裂损现象。

（8）铁芯吸合是否良好，有无较大的噪声，断电后是否能返回到正常位置。

（9）是否有不利于接触器正常运行的因素，如振动过大、通风不良、导电尘埃等。

11. 风力发电机主控系统包括常规控制和安全控制两个子系统，常规控制系统从功能上包括哪几种？

答：（1）功率控制系统。

（2）偏航控制系统。

（3）液压控制系统。

（4）电网监测系统。

（5）计量系统。

（6）机组正常保护系统。

（7）低压配电系统。

（8）故障诊断和记录功能。

（9）人机界面。

（10）通信功能系统。

12. 简述风力发电机组常见的电气控制系统的组成及主要功能。

答：风力发电机组的电气控制系统由低压电气柜、电容柜、控制柜、变流柜、机舱控制柜、三套变桨柜、传感器和连接电缆等组成。电气控制系统包含正常运行控制、运行状态监测、安全保护三个方面的功能。

13. 风力发电机组中的安全链是什么？它包括哪些信号？

答：安全链是独立于控制程序的硬件保护措施，采用反逻辑设计，将可能对风力发电机组造成严重伤害的故障节点串联成一个回路，任意一节点触发后，使控制回路中的继电器、接触器、电磁阀等失电，使风机处于闭锁状态。

常见安全链信号包括：

（1）紧急停止按钮信号。

（2）主空气开关信号。

（3）PLC 输出的看门狗信号。

（4）超速保护信号。

（5）机舱振动信号。

（6）扭缆保护信号。

（7）叶片工作位置开关信号。

（8）制动器位置信号。

14. 风电机要实现自动运行，必须满足哪些控制要求？

答：（1）开机并网控制。

（2）小风和逆功率脱网控制。

（3）普通故障脱网停机。

（4）紧急故障脱网停机。

（5）安全链动作停机。

（6）大风脱网控制。

（7）对风控制。

（8）偏转 90°对风控制。

（9）功率调节。

（10）软切入控制。

15. 为什么说变速风电机组比定速风电机组对风能的利用率高？

答：定速风电机组的转速不可调节，所以只在某一风速下才能处在最佳叶尖速比状态，风能转换系数达到最大，否则风能转换系数均较低；而变速风电机组通过调节风力机的转速，使其在每一风速下均运行在最佳叶尖速比状态，输出最大的风能功率，所以对风能的利用率高。

16. 风电机控制系统安全运行的必备条件有哪些？

答：风力发电机组正常启动运行，必须同时具备如下条件：

（1）风力发电机组开关出线侧相序必须与并网电网相序一致，电压标称值相等，三相电压平衡。

（2）风力发电机组安全链系统硬件运行正常。

（3）调向系统处于正常状态，风速仪和风向标处于正常运行的状态。

（4）制动和控制系统液压装置的油压、油温和油位在规定范围内。

（5）齿轮箱油位和油温在正常范围。

（6）各项保护装置均在正常位置，且保护值均与批准设定的值相符。

（7）各控制电源处于接通位置。

（8）监控系统显示正常运行状态。

17. 变速恒频风电机组在切入风速到额定风速之间应采用什么控制方法？

答：应采用最大风能跟踪控制方法。即当风速变化时通过调节风力发电机电磁转矩使叶尖速比保持最佳值，实现风能的最大捕获。

18. 控制电路电气元器件的检查与维修内容有哪些？

答：控制电路电气元器件的检查与维修内容如下：

（1）电气元器件的触头有无熔焊、粘连、变形、严重氧化锈蚀等现象；触头闭合分断动作是否灵活；触头开距、超程是否符合要求；压力弹簧是否正常。

（2）电器的电磁机构和传动部件的运动是否灵活；衔铁有无卡住，吸合位置是否正常等。更换安装前，应清除铁芯端面的防锈油。

（3）用万用表检查所有电磁线圈的通断情况。

（4）检查有延时作用的电气元器件功能，如时间继电器的延时动作、延时范围及整定机构的作用；检查热继电器的热元件和触头的动作情况。

（5）核对各电气元器件的规格与图样要求是否一致。

（6）更换安装接线前应对所使用的电气元器件逐个进行检查，检查电气元器件外观是否整洁，外壳有无破裂，零部件是否齐全，各接线端子及紧固件有无缺损、锈蚀等现象。

19. Crowbar 电压过高故障如何处理?

答：（1）检查 Crowbar 是否正常。

（2）检查 Crowbar 24V 电源是否正常。

（3）检查直流滤波电容组是否正常。

（4）检查变频器控制板是否正常。

（5）检查测量直流母线电压是否正常。

第五章

典 型 案 例 分 析

1. 某风电场 1.5MW 机组，风速为 8.5m/s，功率为 500kW，某时刻报 1 号叶片变桨电动机温度高故障，根据 SCADA 数据对故障进行分析。

答：（1）查看 1 号叶片变桨电动机高于其余两个变桨电动机温度。

（2）检查叶片变桨电动机测温传感器 PT100 阻值是否正常，PT100 阻值及测温模块接线是否虚接或损坏。

（3）检查变桨电动机散热风扇工作是否正常。

（4）检查变桨电动机是否损坏，手动进行变桨，观察电磁刹车动作是否正常，如动作异常，需检查其控制回路中的电磁刹车继电器和相关线路。

（5）检查电源输出是否正常，变桨变频器工作是否正常。

（6）确认主控程序和变桨程序是否正确。

（7）检查变桨减速器和变桨电动机接线盒，观察是否存在漏油的现象。

（8）检查变桨轴承是否有开裂、裂纹或损伤。

（9）检查变桨齿轮是否有断裂、卡塞现象。

2. 某风电场 1.5MW 机组，风速为 10m/s，功率为 1100kW，某时刻查 SCADA 数据 1 号变桨控制柜温度为 23℃，2 号变桨控制柜温度为 31℃，3 号变桨控制柜温度为 22℃。结合上述数据，分析该机组是否存在异常？如有异常，该如何处理？

答：查看 2 号变桨控制柜温度与其余 2 个控制柜进行温度比较，2 号变桨控制柜温度比其余 2 个控制柜温度高 8℃左右，确定 2 号变桨控制柜存在温度高异常。

处理方法如下：

（1）检查变桨柜温度传感器 PT100 及温度检测模块是否损坏或接线是否松动。

（2）检查变桨柜散热风扇及其回路的熔断器和继电器是否正常。

（3）检查加热器工作及其回路的熔断器和继电器是否正常。

3. 某风电场 1.5MW 机组，风速为 8m/s，功率为 500kW，某时刻报 2 号变桨速度超限故障，结合图 5-1 所示 1～3 号叶片角度数据对故障进行分析。

pitch pos	pitch position_blade_2	pitch pos
2.835	2.786	2.842
2.837	5.571	2.842
2.838	2.786	2.842
2.839	2.786	2.842
2.84	2.786	2.842
2.841	2.785	2.842
2.842	2.784	2.842
2.842	2.784	2.842
2.842	2.797	2.842
2.843	2.797	2.842
2.844	2.837	2.845
2.848	2.837	2.851
2.857	-11.644	2.863
2.871	-5.927	2.879
2.891	3.025	2.9

图 5-1 1～3 号叶片角度数据

答：（1）查看2号叶片旋转编码器的数值出现跳变。

（2）上机手动进行变桨，查看速度和角度是否跳变和超限。

（3）转为自动模式后，查看变桨速度和角度是否跳变和超限。

（4）旋转编码器受到干扰，内部器件损坏，需将编码器进行更换试验。

（5）旋转编码器插头出现松脱现象，导致接触不良。

（6）由旋转编码器到选编检测模块上的接线出现接触不良问题、短路及接地，或接线端子排出现问题引起短路及接地。

（7）旋转编码器插头处的屏蔽层接触不良或未接触，致使干扰信号进入信号回路，数据出现跳变。

4. 某风电场1.5MW机组，风速为8m/s，功率为400kW，某时刻报液压站油位低故障，对故障进行分析。

答：（1）检查液压油位，通过油窗观察油位是否低于1/3处。如果油位低，应检查液压回路是否有漏油点。

（2）油位正常仍报出液压油位低故障，检查液压油位检测回路接线是否良好。

（3）检查液压站油位低检测模块是否正常。

5. 某风电场1.5MW机组，风速为12m/s，功率为1500kW，某时刻查看机舱控制柜温度为-200℃，塔基控制柜温度为33.6℃，环境温度为25℃。结合上述数据，分析该机组是否存在异常？如有异常该如何处理？

答：通过上述数据机舱控制柜温度为-200℃，明显判断机舱控制柜PT检测回路出现异常。

（1）检查PT100线路，看是否有线路虚接问题。

（2）用万用表测量 PT100 的电阻值，看是否在正常范围内。

（3）检查 PT100 屏蔽层的接地是否正常。

（4）检查 PLC 相应的输入模块是否正常。

6. 某风电场 1.5MW 风机，当前风速为 10m/s，负荷为 500kW，风机在运行过程中报发电机绕组温度高，通过后台数据分析判断故障处理过程。

答：（1）通过后台数据查看发电机各项温度情况。

（2）通过后台数据观察发电机绕组温度与轴承温度超过 100℃且告警窗信息为发电机绕组温度高。

（3）通过 CMS 查看发电机轴承诊断频谱分析，确定轴承情况。

（4）检查水循环系统或风冷系统。

（5）检查各系统检测元件运行情况。

（6）发电机出现故障，如绕组接地、定转子碰擦及轴承磨损情况严重。

（7）电源电压及频率变化范围超过规定值。

（8）PT100 温度传感器损坏。

7. 某台风电机组发电机的型号为 INDAR，额定电流 $I_n=$ 712A，$S=850$kVA，额定转速 $R_{pm}=1620$r/min，绝缘等级为 F 级，保护级别为 IP54，端子保护为 IP55。某时刻风速达到切入风速，并网 1min20s 后发电机定子并网主断路器跳闸。故障前实时功率为 300kW，风速为 10m/s，发电机转速 $N=1658$r/min，发电机前后轴承温度为 23℃和 37℃。故障列表见图 5-2。

（1）根据故障列表，列出该台风电机组主要故障名称。

答：故障名称为：2257 定子并网主断路器热保护动作跳闸；2203 定子并网主断路器打开。

GA404_090ST5	90	Windturbine READY	2016/10/30 11:34	2016/10/30 11:35	00:01:00
GA404_090ST3	90	Windturbine RUNNING	2016/10/30 11:35	2016/10/30 11:37	00:01:40
GA404_090YA9179	90	2257 Stator shoot protection	2016/10/30 11:37	2016/10/30 12:11	00:33:42
GA404_090ST0	90	Windturbine EMERGENCY	2016/10/30 11:37	2016/10/30 12:11	00:33:42
GA404_090YA9143	90	2203 Failure stator magneto	2016/10/30 11:37	2016/10/30 11:42	00:05:00
GA404_090YA91412	90	2212 Voltage failure	2016/10/30 11:37	2016/10/30 11:42	00:05:00
GA404_090YA9143	90	2203 Failure stator magneto	2016/10/30 11:42	2016/10/30 12:11	00:28:32
GA404_090YA91412	90	2212 Voltage failure	2016/10/30 11:42	2016/10/30 12:11	00:28:32
GA404_090YA9143	90	2203 Failure stator magneto	2016/10/30 16:36	2016/10/30 16:38	00:02:01
GA404_090YA9179	90	2257 Stator shoot protection	2016/10/30 16:36	2016/10/30 16:38	00:02:01
GA404_090YA91412	90	2212 Voltage failure	2016/10/30 16:36	2016/10/30 16:38	00:02:01
GA404_090YA9230	90	310 Machine on preheating	2016/10/30 16:38	2016/10/30 16:56	00:17:50
GA404_090ST1	90	Windturbine STOP	2016/10/30 16:38	2016/10/30 16:48	00:10:10
GA404_090ST0	90	Windturbine EMERGENCY	2016/10/30 16:48	2016/10/30 16:50	00:02:00
GA404_090ST2	90	Windturbine PAUSE	2016/10/30 16:50	2016/10/30 16:51	00:01:00
GA404_090ST5	90	Windturbine READY	2016/10/30 16:51	2016/10/30 16:56	00:05:10
GA404_090ST3	90	Windturbine RUNNING	2016/10/30 16:56	2016/10/30 16:58	00:01:50
GA404_090YA9143	90	2203 Failure stator magneto	2016/10/30 16:58	2016/10/30 17:03	00:05:00
GA404_090YA9179	90	2257 Stator shoot protection	2016/10/30 16:58	2016/10/30 17:11	00:12:41
GA404_090YA91412	90	2212 Voltage failure	2016/10/30 16:58	2016/10/30 17:03	00:05:00
GA404_090ST0	90	Windturbine EMERGENCY	2016/10/30 16:58	2016/10/30 17:11	00:12:41

图 5-2　故障列表

（2）根据风电机组报此故障的可能原因逐项进行排查分析。

答：1）判断风电机定子主断路器跳闸是否为误动作。

2）判断断路器本身电气性能与机械结构是否正常。

3）判断断路器跳闸回路接线及电压是否正常。

4）判断断路器跳闸是否为过负荷或过电流造成跳闸。

5）判断定转子回路相关电气元件接触电阻及分合闸状态是否正常。

6）判断变频系统极性测试是否正常，直流母线电压是否正常。

7）判断编码器接线是否正常，以及发电机定子出口电压、频率、相序是否与电网一致。

8）判断动力电缆绝缘层是否磨损，导致绝缘不合格而存在放电短路现象。

9）判断断路器时间整定与过载配合系数是否正确。

10）判断功率控制与逆变单元是否正常。

11）判断发电机是否正常。

（3）用绝缘电阻表测量发电机定子相与相之间及相对地的绝缘，以及转子对地的绝缘，测量结果见表 5-1；用直流电阻测试

仪对绕组进行直流电阻测量，结果为：$U_1 = 19.181\text{M}\Omega$、$U_2 = 19.897\text{M}\Omega$，$V_1 = 19.040\text{M}\Omega$、$V_2 = 19.332\text{M}\Omega$，$W_1 = 19.441\text{M}\Omega$、$W_2 = 19.067\text{M}\Omega$。

表 5-1　　　　　　　绝 缘 电 阻 测 量 数 据

相间绝缘		U_1	V_1	W_1
U_1			OL	OL
V_1		OL		OL
W_1		OL	OL	
GR	绝缘	U_1	V_1	W_1
		$11\text{G}\Omega$	$200\text{M}\Omega$	$11\text{G}\Omega$
GR	绝缘	U_2	V_2	W_2
		$11\text{G}\Omega$	$11\text{G}\Omega$	$11\text{G}\Omega$

计算发电机转子三相绕组直流电阻不平度，并分析判断发电机运行工况。

答：三相绕组直流电阻不平度 $= \dfrac{\text{最大值} - \text{最小值}}{\text{三相平均值}}$

三相绕组的不平衡率高达 4.43%，大于标准值 2.5%，且定子 V 相对地绝缘为 $200\text{M}\Omega$，存在绝缘薄弱点。

（4）如风电机组定子主断路器本身电气性能与机械结构正常，变频系统极性测试正常，分析发电机定子主断路器在并网后跳闸的主要原因及故障设备。

答：1）风速未达到切入风速时，风电机组不执行并网指令，这时发电机转速低于同步转速，功率 $P < 0\text{kW}$。变频系统不启动，发电机定子并网接触器不合闸，发电机与电网完全处在隔离状态。当风速达到切入风速时，风电机组并网运行后，随着风速与转速的升高，发电机定子功率逐渐加载。由于发电机定子 V 相绕

组存在绝缘薄弱点，随着功率的上升、电流强度的增大导致绝缘破损层被击穿而发生接地或匝间短路过流故障，使主断路器跳闸。

2）随着机组长时间运行，发电机内部冷却风扇在高频的振动下导致扇叶的焊接点断开，在旋转离心力的作用下扇叶可能摩擦到定子绕组的绝缘层，进而破坏其绝缘结构。

3）更换发电机后机组恢复运行。

8. 2017 年 7 月 10 日 2 时 ~ 7 时时段，某风电场当值值班员在后台监控机发现 C07 风机频报"5 – Vibration"振动故障，风机无法正常运行。值班员对当时故障信息资料进行备份，根据图 5 – 3 ~ 图 5 – 6 提供的数据对该台机组存在的异常进行分析。

2017/7/10 星期一 7:07:02.614 上午		3 Operate RESET	事件
2017/7/10 星期一 7:07:02.434 上午		3 Operate RESET	事件
2017/7/10 星期一 7:07:02.234 上午		3 Operate RESET	事件
2017/7/10 星期一 7:07:02.034	#02 上午	28 Braking program 199	事件
2017/7/10 星期一 7:07:02.034	#01 上午	3 Operate RESET	事件
2017/7/10 星期一 5:02:31.271 上午		2491 Repeating alarm	状态
2017/7/10 星期一 4:23:37.251 上午		700 Error by yawing	状态
2017/7/10 星期一 2:03:18.490 上午		1224 (H)sys. press. low	状态
2017/7/10 星期一 2:02:34.172 上午		1995 Pitch inv. 1 warn.	状态
2017/7/10 星期一 2:02:31.872 上午		1997 Pitch inv. 3 warn.	状态
2017/7/10 星期一 2:02:31.871 上午		1996 Pitch inv. 2 warn.	状态
2017/7/10 星期一 2:02:29.534 上午		29 Braking program 200	事件
2017/7/10 星期一 2:02:29.530 上午		1413 Freq. cnv. tripped	状态
2017/7/10 星期一 2:02:29.452 上午		755 Service yaw	状态
2017/7/10 星期一 2:02:29.416 上午		54 Yaw Prg 240	事件
2017/7/10 星期一 2:02:29.415	#02 上午	1000 MDS enters Safety Speed	事件
2017/7/10 星期一 2:02:29.415	#01 上午	1000 MDS: Safety	事件
2017/7/10 星期一 2:02:29.412 上午		10 Safety chain open	状态
2017/7/10 星期一 2:02:29.405	#07 上午	2440 Manual Safety Stop	状态
2017/7/10 星期一 2:02:29.405	#06 上午	2436 Safety Chain Relay 2	状态
2017/7/10 星期一 2:02:29.405	#05 上午	2435 Safety Chain Relay 1	状态
2017/7/10 星期一 2:02:29.405	#04 上午	2434 Safey Chain MCCB	状态
2017/7/10 星期一 2:02:29.405	#03 上午	2430 Emer. Stop Relay	状态
2017/7/10 星期一 2:02:29.405	#02 上午	320 WP2035 (R) overspeed	状态
2017/7/10 星期一 2:02:29.405	#01 上午	319 WP2035 (G) overspeed	状态
2017/7/10 星期一 2:02:29.395	#02 上午	1000 MDS: New requested mode: Safety	状态
2017/7/10 星期一 2:02:29.395	#01 上午	28 Braking program 199	事件
2017/7/10 星期一 2:02:29.392 上午		5 Vibration	状态
2017/7/10 星期一 2:02:01.616 上午		43 Yaw stop	事件
2017/7/10 星期一 2:01:47.316 上午		45 Yaw CCW	事件
2017/7/10 星期一 2:00:59.116 上午		43 Yaw stop	事件
2017/7/10 星期一 2:00:40.596 上午		45 Yaw CCW	事件
2017/7/10 星期一 2:00:06.196 上午		43 Yaw stop	事件
2017/7/10 星期一 2:00:03.157 上午		45 Yaw CCW	事件

图 5 – 3　故障记录

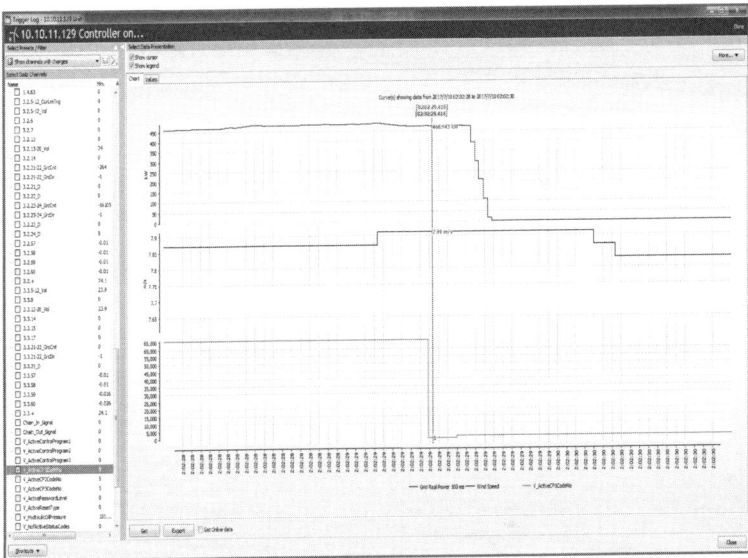

图 5 - 4 实时数据

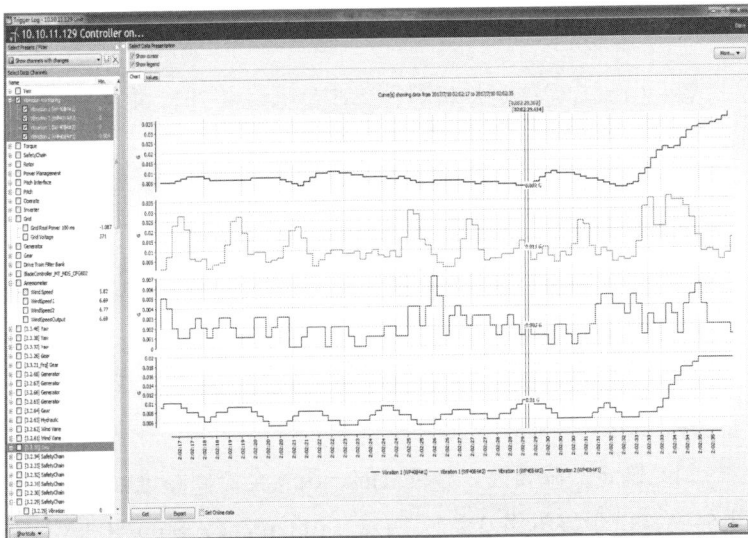

图 5 - 5 振动分析仪数据（振动值小于 0.2G，属于正常范围）

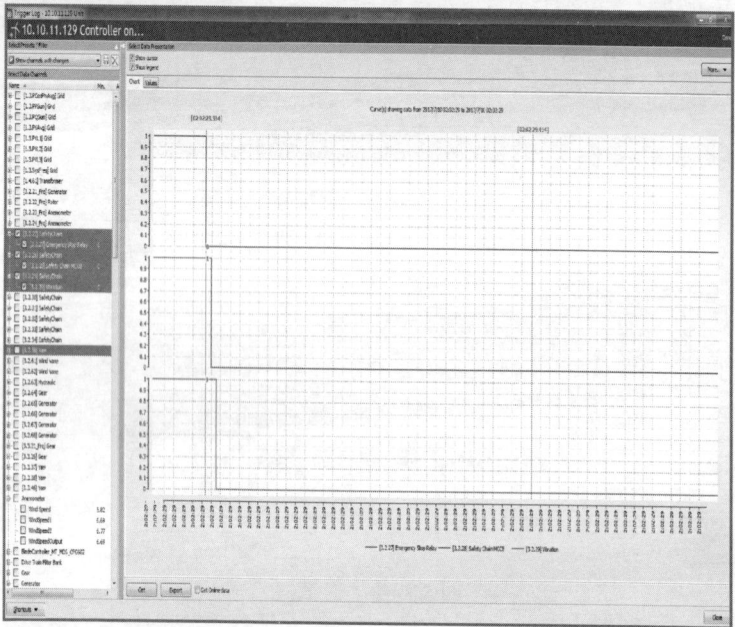

图 5-6　一级安全链回路触发节点记录

答：（1）首先确定停机要因，该台机组于 2017 年 7 月 10 日 02:02:29，报 5-Vibration 振动故障停机。

（2）确定故障前该台机组运行状态，根据风机触发记录，故障时机组瞬时风速为 7.91m/s，功率为 468.943kW。

（3）通过触发记录查看振动分析仪记录的数值，见图 5-5。振动分析仪记录的数值平稳且在正常范围内，机组并未激活振动分析仪超限的相应故障码，故初步排除机组因振动过大而停机的可能性。

（4）确定故障要因，对风机的一级安全链回路进行查看，见图 5-6。由于该机组 3.2.27 触点（Emergency Stop Relay）于 02：02：29.354 触发，超前于其他两个故障信息，导致 3.2.28 触点（Safety Chain MCCB）、3.2.29 触点（Vibration）先后触发。

可以判断出：该机组 3.2.27 触点（Emergency Stop Relay）触发是导致机组频繁激活 5 – Vibration 故障的主要原因。

因此，解决该故障的方式是：排查该机组塔底、机舱急停按钮的触点、安全链电缆是否虚接或破损，机舱柜内安全继电器是否损坏、接线是否松动等。

9. 2012 年 3 月 15 日，某风场 A01 机组在机组启动过程中报变桨二 91°限位开关触发故障，且无规律性频报。故障（事故）发生前运行情况：风速为 9m/s，功率为 500kW，低压侧电压为 AB 672V、BC 675V、CA 677V，电流 A 相为 200A、B 为相 201A、C 相为 207A（图 5 – 7 和图 5 – 8 所示为电气回路相关图纸，仅供参考）。根据以上信息进行此类故障分析。

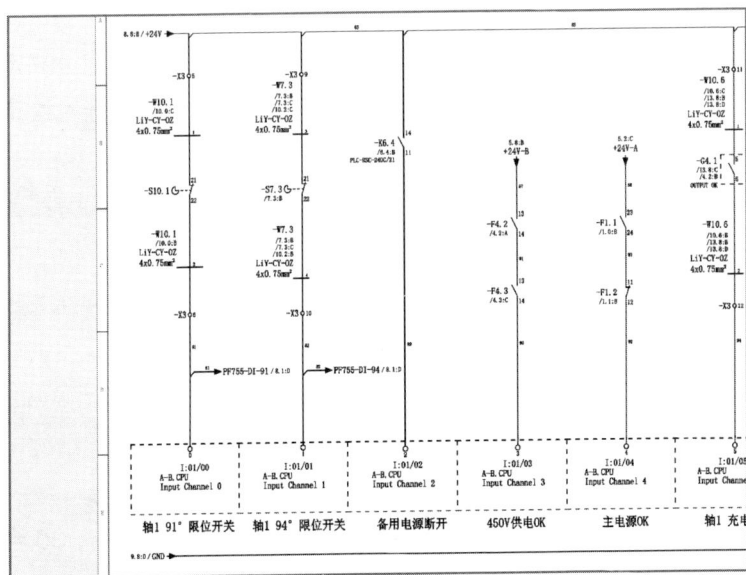

图 5 – 7　电气回路图纸（一）

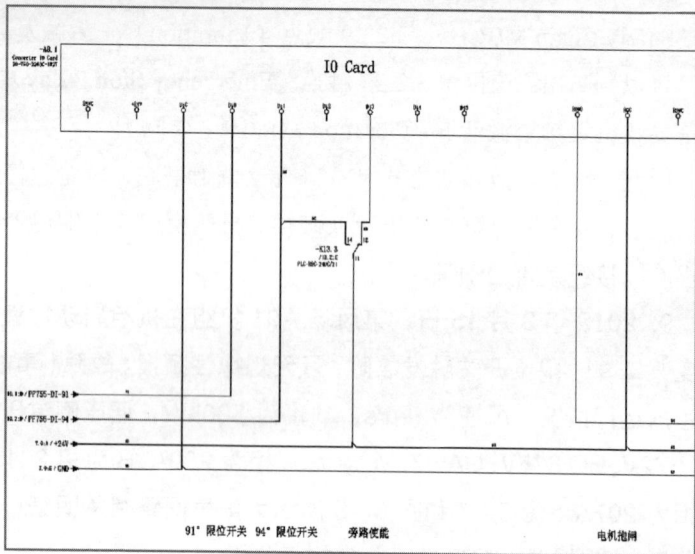

图 5-8　电气回路图纸（二）

答：（1）根据故障出现无任何规律、时有时无的特点，判定变桨系统没有大故障，可能是由于线路虚接导致电路时断时续造成故障发生。

（2）将故障点判定为线路虚接。检查开环顺桨使能和旁路使能信号线路有无松动迹象。

（3）如无异常，根据所给的信息"启动开始时报限位开关触发故障"分析限位开关信号未反馈至变频器 CPU 板上或控制板输入板上。可以检查控制板上反馈接线、接线口端子有无异常。

（4）如无异常，检查 IO 控制板限位开关反馈点内部结构，控制板连接插件是否牢固，通信是否正常。

10. 2017 年 11 月 2 日，某风电场监控服务器显示有 30 台机组报风向不等同、启动风速较低等故障。此时所有机组平均瞬时风速为 10.3m/s 左右，机舱户外温度为 -2℃，大雾天气，并夹杂雨雪。**根据上述情况，分析该风电场机组测风系统存在的问题。**

答：（1）根据故障现象、天气状况，首先可以确定风速风向仪冰冻导致该问题的产生。

（2）测风系统加热回路可能存在严重的缺陷，如加热功率过小、加热回路供电系统电源可靠性差、内部温控开关损坏等。

（3）登机对风速风向仪加热器系统进行手动测试，确定其内部加热器是否均能正常工作。

（4）如加热器良好，确定控制回路是否存在问题，接触器控制电源是否正常，接触器是否正常吸合，风速风向仪内部温控开关或环境温度传感器 PT100 是否正常。

（5）如无异常，检查加热器工作电流是否存在异常，加热器主电源是否正常。